みんなが知りたい！　元素のすべて 世界を形づくる成分の種類と特徴がわかる

看得见的元素周期表

［日］"元素的一切"编辑室 编著

方澄 译

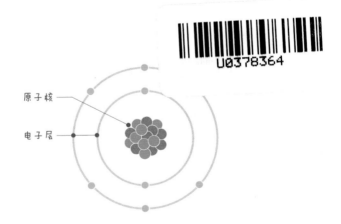

原子核

电子层

北京时代华文书局

图书在版编目（CIP）数据

看得见的元素周期表 / 日本"元素的一切"编辑室编著；方澄译 . -- 北京：北京时代华文书局，
2024. 9. -- ISBN 978-7-5699-5548-4

Ⅰ . O611-49

中国国家版本馆 CIP 数据核字第 2024TV1535 号

Original Japanese title: MINNAGA SHIRITAI! GENSO NO SUBETE SEKAI WO
KATACHIZUKURU SEIBUN NO SHURUI TO TOKUCHO GA WAKARU
© Cultureland, 2022
Original Japanese edition published by MATES universal contents Co., Ltd.
Simplified Chinese translation rights arranged with MATES universal contents Co., Ltd.
through The English Agency (Japan) Ltd. and Shanghai To-Asia Culture Co., Ltd.

北京市版权局著作权合同登记号 图字：01-2024-1147

KANDEJIAN DE YUANSU ZHOUQIBIAO

出 版 人：陈　涛
策划编辑：邢　楠
责任编辑：邢　楠
执行编辑：刘嘉丽
装帧设计：孙丽莉　段文辉
责任印制：刘　银　訾　敬

出版发行：北京时代华文书局 http://www.bjsdsj.com.cn
　　　　　北京市东城区安定门外大街 138 号皇城国际大厦 A 座 8 层
　　　　　邮编：100011　电话：010-64263661　64261528
印　　刷：河北京平诚乾印刷有限公司
开　　本：710 mm×1000 mm　1/16　　　　成品尺寸：165 mm×240 mm
印　　张：10　　　　　　　　　　　　　　字　　数：110 千字
版　　次：2024 年 9 月第 1 版　　　　　　印　　次：2024 年 9 月第 1 次印刷
定　　价：49.80 元

前言

　　从日常生活用品到生物、海洋、高山、地球、恒星甚至浩瀚的宇宙，我们身边的一切都由"元素"组成。包括氢、氧、氮和金、银、铜、铁在内，目前已知的元素总共有 118 种。本书尽可能囊括元素的各种信息，并通过插图简单明了地介绍 118 种元素各自的故事，从"元素是什么"这个最基本的问题开始，带你逐步了解元素的基本知识。

　　我们每一天都与元素相伴，但对它们的了解远远不够。希望这本书能激发你对元素的兴趣，让你在感受到快乐的同时，加深对新知识领域的了解。

本书的阅读方法

本书以图文结合的形式介绍了人们至今为止发现的所有118种元素，内容充满趣味，可以带大家了解每种元素的用途和身边物品的元素组成。

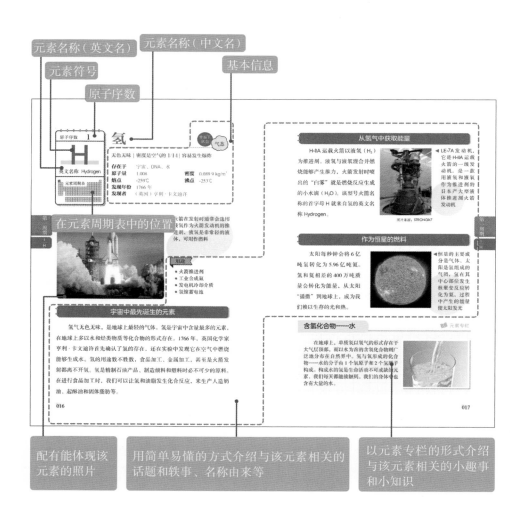

元素名称（英文名）

元素符号

原子序数

元素名称（中文名）

基本信息

在元素周期表中的位置

配有能体现该元素的照片

用简单易懂的方式介绍与该元素相关的话题和轶事、名称由来等

以元素专栏的形式介绍与该元素相关的小趣事和小知识

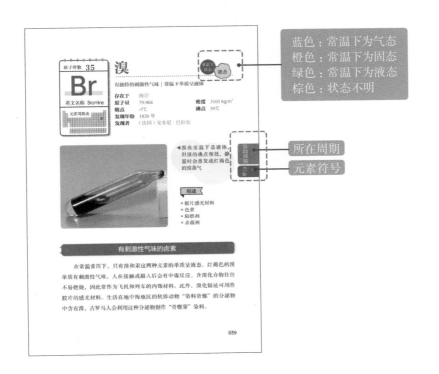

蓝色：常温下为气态
橙色：常温下为固态
绿色：常温下为液态
棕色：状态不明

顺子序数 35

溴

有独特的刺激性气味｜常温下单质呈液体

英文名称 Bromine

存在于	海洋
原子量	79.904
熔点	-7℃
发现年份	1826 年
发现者	（法国）安东尼·巴拉尔

密度 3103 kg/m³
沸点 59℃

元素周期表

◀溴在室温下是液体，但溴的沸点很低，静置时会蒸发成红褐色的溴蒸气

所在周期

元素符号

用途
· 胶片感光材料
· 色素
· 阻燃剂
· 杀菌剂

有刺激性气味的卤素

在常温常压下，只有溴和汞这两种元素的单质呈液态。红褐色的溴单质有刺激性气味，人在接触或摄入后会有中毒反应。含溴化合物往往不易燃烧，因此常作为飞机和列车的内饰材料。此外，溴化银还可用作胶片的感光材料。生活在地中海地区的软体动物"染料骨螺"的分泌物中含有溴，古罗马人会利用这种分泌物制作"骨螺紫"染料。

读懂元素的基本信息

放射性元素

常温下的状态
表述为气态、固态、液态或不明。

原子量
每个原子的平均相对质量。对于自然界中不存在的元素，则在［　］内列出其同位素的相对原子质量。

密度
常温状态下 1m³ 单质的质量，单位为 kg/ m³。

熔点与沸点
标准大气压下，物质的固态和液态呈平衡时的温度称为熔点，液态物质沸腾的温度称为沸点。

发现年份
发现该元素或分离出该元素单质的年份。（有多种说法时，此处选用最普遍的一种）

发现者
发现该元素或分离出该元素单质的人物及其国籍。（有多种说法时，此处选用最普遍的一种）

目　录

第五周期

第六周期

第七周期

元素的
基础知识

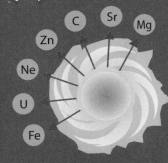

元素究竟是什么

我们周遭的一切，无论是眼前的书桌，还是各种生物、高山大海甚至空气和宇宙，都是"物质"。所有物质都由元素组成，元素是组成物质的基本单位。组成各种物质的目前已知的元素共有118种之多，其中，天然元素有94种，其余24种元素则是人工合成的。

元素在我们的日常生活中扮演着重要的角色。如果没有氢，就无法形成水，地球上的所有生物都将无法生存。火柴上用到的磷也是生物生存必需的元素。哪怕缺少放射性元素，生态系统也不会是如今的模样。此外，元素还是工业发展的重要支柱。碳是煤、石油等化石燃料的主要成分，是提供能源的主要元素；而铁是生产工具、建造房屋时的重要材料。我们已经了解或尚不熟悉的每种元素都有自己的作用，它们通过相互组合构成不同物质，造就了我们如今生活的世界，也让我们的生活变得丰富多彩。

构成水的原子

原子是一种元素能保持其化学性质的最小单位。假如我们在光学显微镜下观察水，就能看到2个氢（H）原子和1个氧（O）原子构成了1个水分子。

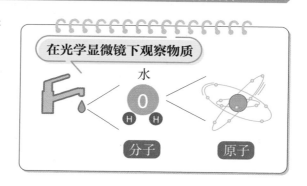

在光学显微镜下观察物质

水

分子　　　原子

世界上所有物质都是由"原子"这种粒子构成的。"原"代表原子是构成物质的基本粒子，也就是说原子是构成物质的最小单位。如今人们已知的 118 种原子都拥有全世界通用的特有符号，也就是元素符号。如"钠"在德国叫作 Natrium，在美国叫作 Sodium，但在全世界它都叫作 Na。之所以不叫"原子符号"，是因为"原子"更侧重于指代粒子，当侧重种类时，应当使用"元素"（原子的量词是"个"，而元素的量词是"种"）。无论"元"还是"素"，都含有"基本"的意思，因此"元素"意为所有物质的基本单位。每种元素都由 1 ~ 2 个英文字母组成的符号表示，其中第一个字母要大写，第二个字母要小写，并要以英语读法进行拼读。

原子的大小

原子中央是原子核，电子则在周围绕其运动。原子的直径大约是 1 厘米的一亿分之一（1 埃）。这是多大呢？让我们以结构最简单的氢原子为例，氢原子的直径大约是 1 埃，而乒乓球的直径是 4 厘米，假如将乒乓球放大到地球那么大，那么以同样的比例放大后，氢原子就和乒乓球一样大了。

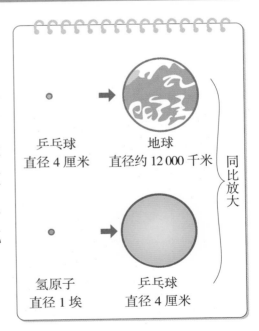

乒乓球
直径 4 厘米

地球
直径约 12 000 千米

同比放大

氢原子
直径 1 埃

乒乓球
直径 4 厘米

元素是如何产生的

元素诞生于 138 亿年之前

据说，宇宙起源于 138 亿年前发生的宇宙大爆炸，元素则产生于大爆炸之后。

大爆炸时温度极高，所以人们认为那时物质只能以电子、光子、夸克等基本粒子的形态存在。而随着宇宙不断膨胀，宇宙的温度开始降低，当温度下降到 10 亿摄氏度时，基本粒子中的夸克相互结合形成了质子和中子。在这之后，质子和中子又聚集形成了氘核（氘核是由 1 个质子和 1 个中子组成的原子核，是氢的同位素原子核）与氦核等。这一系列过程仅用时 3 分钟。

在大爆炸的 38 万年后，宇宙温度下降至约 3000 摄氏度，电子终于被原子核捕获，氢原子和氦原子出现。宇宙中最多的元素就是氢和氦，这两种元素分别占当时宇宙物质总量的 92% 和 8% 左右。其实这时锂也已经出现，但含量占比微乎其微。

宇宙大爆炸示意图

宇宙的起源

第一颗恒星诞生
（约 3 亿年后）

现在的宇宙

恒星内部产生的元素

原子形成的气体云飘浮在宇宙中时，一些大体积气体云会因引力作用坍缩成恒星。此时是新元素产生的第二个节点。在恒星内部，氢原子会通过核聚变反应结合产生氦原子，同时发出光。当恒星内部的氦持续累积，氦原子也开始进行核聚变反应，形成碳、氧等稍重的元素。这些过程不断重复，硅和铁等更重的元素也被创造出来了。越接近恒星中心的地方，重元素也就越密集。

人体主要由碳、氢、氧、氮等元素构成，其中碳、氧、氮都形成于像太阳一样发光的恒星内部。形成这些元素的恒星，质量在太阳的 8 倍以上，当它们以剧烈的爆发（超新星爆发）结束生命周期时，它们创造的新元素也随之散布到宇宙中。有人认为，从铁到铀的所有元素都产生于爆发的瞬间。在银河系中，大约每 100 年我们就能观测到 1 次超新星爆发。

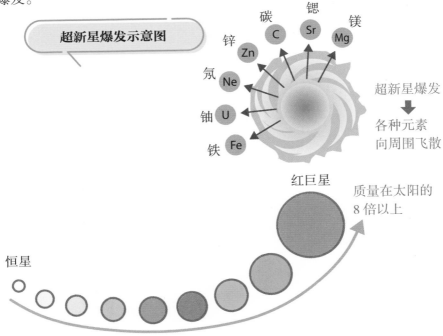

超新星爆发示意图

碳 C　锶 Sr　镁 Mg
锌 Zn
氖 Ne
铀 U
铁 Fe

超新星爆发
↓
各种元素
向周围飞散

红巨星　质量在太阳的
8 倍以上

恒星

世间万物是由
哪些元素组成的（一）

组成人体的元素中，含量最高的 6 种元素约占总量的 99%，这 6 种元素的原子相互结合能形成数千种化合物。构成有机体的不可或缺的元素叫作"常量元素"。

地球大气层中的混合气体——空气主要由氧气（氧元素形成的一种单质）和氮气（氮元素形成的一种单质）组成，氧气和氮气约占空气体积的 99%。组成地球的元素中，仅仅铁、氧、硅和镁四种元素就占总量的 90% 以上。世间万物都是由元素组成的。

元素含量

人体

- ● 氧（O）·············· 61%
- ● 碳（C）·············· 23%
- ● 氢（H）·············· 10%
- ● 氮（N）·············· 2.6%
- ● 钙（Ca）············· 1.4%
- ● 磷（P）·············· 1.1%
- 硫（S）·············· 0.2%
- 钾（K）·············· 0.2%
- 钠（Na）············· 0.14%
- 氯（Cl）············· 0.12%
- 其他················· 0.24%

空气

- 氮（N）·····················78%
- 氧（O）·····················21%
- 氩（Ar）····················0.9%
- 其他·······················0.1%

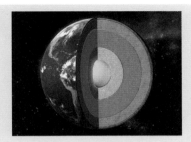

地壳

- 氧（O）·····················49.5%
- 硅（Si）····················25.8%
- 铝（Al）····················7.56%
- 铁（Fe）····················4.7%
- 钙（Ca）····················3.39%
- 钠（Na）····················2.63%
- 钾（K）·····················2.4%
- 镁（Mg）···················1.93%
- 氢（H）·····················0.87%
- 钛（Ti）····················0.46%
- 碳（C）·····················0.08%
- 磷（P）·····················0.08%
- 其他·······················0.6%

地球整体

- 铁（Fe）·····················32.1%
- 氧（O）······················30.1%
- 硅（Si）·····················15.1%
- 镁（Mg）·····················13.9%
- 硫（S）······················2.9%
- 镍（Ni）·····················1.8%
- 钙（Ca）·····················1.5%
- 铝（Al）·····················1.4%
- 其他·························1.2%

宇宙

- 氢（H）······················71%
- 氦（He）·····················27%

世间万物是由
哪些元素组成的（二）

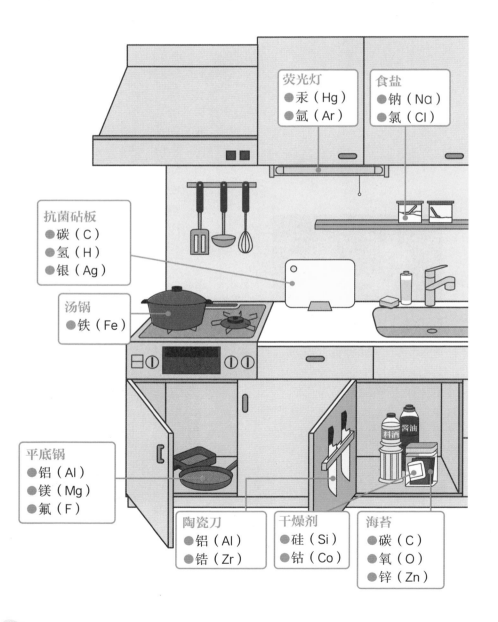

荧光灯
- 汞（Hg）
- 氩（Ar）

食盐
- 钠（Na）
- 氯（Cl）

抗菌砧板
- 碳（C）
- 氢（H）
- 银（Ag）

汤锅
- 铁（Fe）

平底锅
- 铝（Al）
- 镁（Mg）
- 氟（F）

陶瓷刀
- 铝（Al）
- 锆（Zr）

干燥剂
- 硅（Si）
- 钴（Co）

海苔
- 碳（C）
- 氧（O）
- 锌（Zn）

料酒

酱油

我们的生活离不开各种元素，但我们很少注意到它们。就比如说这些厨房里的元素，你在平时有注意到吗？

食品保鲜膜
●碳（C）
●氢（H）
●氯（Cl）

豆腐
●碳（C）
●氧（O）
●镁（Mg）

罐头
●铁（Fe）

易拉罐
●铝（Al）
●镁（Mg）

鸡蛋壳
●钙（Ca）
●碳（C）
●氧（O）

厨房水槽
●铁（Fe）
●铬（Cr）
●镍（Ni）

元素周期表

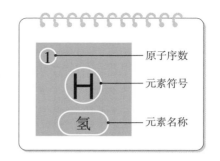

- 原子序数
- 元素符号
- 元素名称

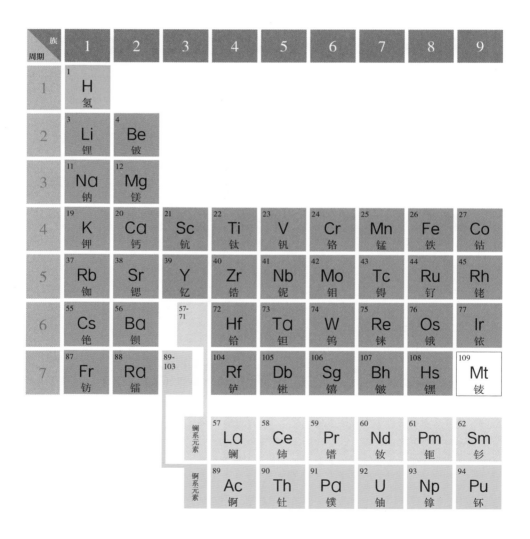

族\周期	1	2	3	4	5	6	7	8	9
1	1 H 氢								
2	3 Li 锂	4 Be 铍							
3	11 Na 钠	12 Mg 镁							
4	19 K 钾	20 Ca 钙	21 Sc 钪	22 Ti 钛	23 V 钒	24 Cr 铬	25 Mn 锰	26 Fe 铁	27 Co 钴
5	37 Rb 铷	38 Sr 锶	39 Y 钇	40 Zr 锆	41 Nb 铌	42 Mo 钼	43 Tc 锝	44 Ru 钌	45 Rh 铑
6	55 Cs 铯	56 Ba 钡	57-71	72 Hf 铪	73 Ta 钽	74 W 钨	75 Re 铼	76 Os 锇	77 Ir 铱
7	87 Fr 钫	88 Ra 镭	89-103	104 Rf 铲	105 Db 𫓧	106 Sg 𬭳	107 Bh 𬭛	108 Hs 𬭶	109 Mt 鿏

镧系元素	57 La 镧	58 Ce 铈	59 Pr 镨	60 Nd 钕	61 Pm 钷	62 Sm 钐
锕系元素	89 Ac 锕	90 Th 钍	91 Pa 镤	92 U 铀	93 Np 镎	94 Pu 钚

010

用不同颜色区分元素分类

碱金属　　　　　准金属　　　　　镧系元素
碱土金属　　　　其他非金属　　　锕系元素
过渡金属　　　　卤素
后过渡金属　　　稀有气体

10	11	12	13	14	15	16	17	18	族 周期
								2 **He** 氦	1
			5 **B** 硼	6 **C** 碳	7 **N** 氮	8 **O** 氧	9 **F** 氟	10 **Ne** 氖	2
			13 **Al** 铝	14 **Si** 硅	15 **P** 磷	16 **S** 硫	17 **Cl** 氯	18 **Ar** 氩	3
28 **Ni** 镍	29 **Cu** 铜	30 **Zn** 锌	31 **Ga** 镓	32 **Ge** 锗	33 **As** 砷	34 **Se** 硒	35 **Br** 溴	36 **Kr** 氪	4
46 **Pd** 钯	47 **Ag** 银	48 **Cd** 镉	49 **In** 铟	50 **Sn** 锡	51 **Sb** 锑	52 **Te** 碲	53 **I** 碘	54 **Xe** 氙	5
78 **Pt** 铂	79 **Au** 金	80 **Hg** 汞	81 **Tl** 铊	82 **Pb** 铅	83 **Bi** 铋	84 **Po** 钋	85 **At** 砹	86 **Rn** 氡	6
110 **Ds** 𫫇	111 **Rg** 𬬭	112 **Cn** 鎶	113 **Nh** 鉨	114 **Fl** 鈇	115 **Mc** 镆	116 **Lv** 𫟼	117 **Ts** 鿬	118 **Og** 鿫	7

63 **Eu** 铕	64 **Gd** 钆	65 **Tb** 铽	66 **Dy** 镝	67 **Ho** 钬	68 **Er** 铒	69 **Tm** 铥	70 **Yb** 镱	71 **Lu** 镥
95 **Am** 镅	96 **Cm** 锔	97 **Bk** 锫	98 **Cf** 锎	99 **Es** 锿	100 **Fm** 镄	101 **Md** 钔	102 **No** 锘	103 **Lr** 铹

解读
元素周期表

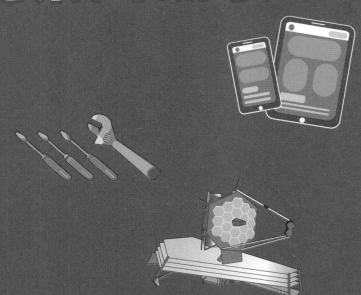

元素的性质随着元素的原子序数的递增呈周期性变化的规律叫作"元素周期律"。元素周期表根据元素周期律把元素排成 7 行（周期），这样可以使具有相似化学性质的元素排在同一列（族）中。第一张元素周期表由俄国化学家德米特里·门捷列夫于 1869 年发表。目前的元素周期表从上到下有第 1 周期至第 7 周期，共 7 个周期；从左到右有第 1 族至第 18 族，共 18 个族。在第 6 周期和第 7 周期中，由性质极为相似的元素组成的两个系列叫作"镧系元素"和"锕系元素"。"镧系元素"和"锕系元素"各自单独成一栏，列在第 7 周期下方。属于同一周期的元素，其原子具有相同的电子层数；属于同一族的元素，其最外层的电子数相同。

有些元素有特殊的分类名称，例如碱金属（除氢外的第 1 族元素）、碱土金属（第 2 族元素）、卤素和稀有气体。

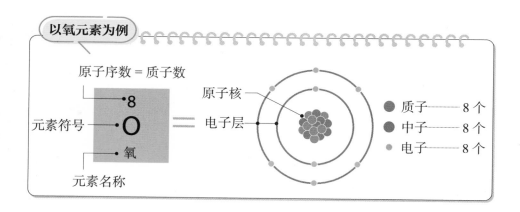

原子序数

人们按照原子中的质子数量为每种元素编号，这种编号就叫作"原子序数"。例如氢原子的质子数为1，它的原子序数就是1；氧原子的质子数为8，它的原子序数就是8。

族

每一列称为一个"族"，元素周期表中共有18个族。同族元素的最外层电子数相同，性质也相近。

周期

元素周期表中有行和列，每一行称为一个"周期"。目前的元素周期表包含7个周期。如果我们在今后发现了119号及之后的新元素，就会产生第8周期。

发明元素周期表的俄国化学家德米特里·门捷列夫（1834—1907）

碱金属

除氢外的第1族元素，易发生化学反应，密度较小。

碱土金属

所有第2族元素，化学反应活性仅次于碱金属。

过渡金属

第3族至第12族的元素，左右相邻的元素性质相似。多数过渡金属都具有硬度高、熔点高的性质。

后过渡金属与准金属

除上述三类外，还有性质近似金属的"后过渡金属"和性质介于金属和非金属之间的"准金属"。

卤素

第17族元素的电负性较大，容易和钠、钾等元素结合形成盐类物质，因此得名"卤素"。

稀有气体

属于第18族，在常温状态下均为气体，无色无味，难以与其他元素发生反应，因在自然界中含量稀少而被称为"稀有气体"。

镧系元素

从镧开始的一系列过渡金属，其外层轨道的电子排布基本相同，具有相似的理化性质。镧系元素全都是稀土元素。

锕系元素

从锕开始的一系列过渡金属，其外层轨道的电子排布基本相同，具有相似的理化性质。锕系元素均为放射性元素。

原子序数	1

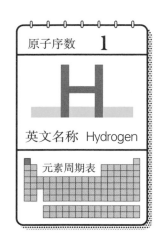

英文名称 Hydrogen

元素周期表

氢

无色无味 | 密度是空气的 1/14 | 容易发生爆炸

存在于	宇宙、DNA、水		
原子量	1.008	**密度**	0.089 9 kg/m³
熔点	-259℃	**沸点**	-253℃
发现年份	1766 年		
发现者	（英国）亨利·卡文迪许		

第一周期

1 | H

◀火箭在发射时通常会选用液氢作为火箭发动机的推进剂，液氢是非常轻的液体，可用作燃料

用途

- 火箭推进剂
- 工业合成氨
- 发电机冷却介质
- 氢镍蓄电池

宇宙中最先诞生的元素

氢气无色无味，是地球上最轻的气体。氢是宇宙中含量最多的元素，在地球上多以水和烃类物质等化合物的形式存在。1766 年，英国化学家亨利·卡文迪许首先确认了氢的存在，还在实验中发现它在空气中燃烧能够生成水。氢的用途数不胜数，食品加工、金属加工，甚至是火箭发射都离不开氢。氢是精制石油产品、制造颜料和塑料时必不可少的原料。在进行食品加工时，我们可以让氢和油脂发生化合反应，来生产人造奶油、起酥油和固体脂肪等。

从氢气中获取能量

H-IIA 运载火箭以液氢（H_2）为推进剂。液氢与液氧混合并燃烧能够产生推力，火箭发射时喷出的"白雾"就是燃烧反应生成的小水滴（H_2O）。该型号火箭名称的首字母 H 就来自氢的英文名称 Hydrogen。

◀ LE-7A 发动机，它是 H-IIA 运载火箭的一级发动机，是一款用液氢和液氧作为推进剂的日本产大型液体推进剂火箭发动机

图片来源：STRONGlk7

作为恒星的燃料

太阳每秒钟会将 6 亿吨氢转化为 5.96 亿吨氦。氢和氦相差的 400 万吨质量会转化为能量，从太阳"播撒"到地球上，成为我们赖以生存的光和热。

◀恒星的主要成分是气体。太阳是氢组成的气团，氢在其中心部位发生核聚变反应转化为氦，过程中产生的能量使太阳发光

含氢化合物——水

元素专栏

在地球上，单质氢以氢气的形式存在于大气层顶部，而以水为首的含氢化合物则广泛地分布在自然界中。氢与氧形成的化合物——水的分子由 1 个氧原子和 2 个氢原子构成。构成水的氢是生命活动不可或缺的元素，我们每天都能接触到。我们的身体中也含有大量的水。

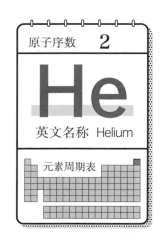

原子序数 **2**

He

英文名称 Helium

元素周期表

氦

常温下状态 **气态**

无色气体 | 比空气轻 | 宇宙中第二丰富的元素

存在于	太阳		
原子量	4.002 6	**密度**	0.178 5 kg/m³
熔点	-272℃	**沸点**	-269℃
发现年份	1868 年		
发现者	（英国）爱德华·弗兰克兰、（英国）诺曼·洛克耶		

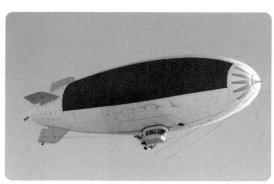

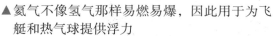

▲氦气不像氢气那样易燃易爆，因此用于为飞艇和热气球提供浮力

◀水肺潜水等运动中使用的氧气瓶中充入的是氦气和氧气的混合气体

用途

● 热气球
● 为飞艇提供浮力
● 冷却介质

沸点最低的元素

　　氦原子的原子核非常稳定，其在宇宙中的含量也非常丰富，这是因为氕和氘的核聚变反应是太阳等恒星的能量来源，而反应过程中会产生氦。

　　与氢不同的是，氦的性质极不活泼，难以与其他物质发生反应。氦气稳定、沸点低、安全性高，因此常用作热气球的浮升气体。此外，在深度较大的水域中潜水时使用的氧气瓶也会用到氦。而人在吸入"变声玩具"中注入的气体后会发出奇怪的声音，这是因为声波在氦气中的传播速度比在空气中更快，所以声音的频率变高了。

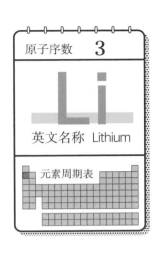

原子序数 **3**

Li

英文名称 Lithium

元素周期表

锂

呈银白色 | 最轻的金属

存在于	岩石、天然水		
原子量	6.94	**密度**	534 kg/m³
熔点	181℃	**沸点**	1342℃
发现年份	1817 年		
发现者	（瑞典）约翰·奥古斯特·阿韦德松		

▲锂既可以用于制造一次性电池，也可以用于制造充电电池

用途

- 轻合金
- 抑郁症治疗药物
- 锂金属电池
- 锂离子电池
- 二氧化碳吸收剂
- 玻璃助溶剂

最轻的碱金属元素

1817 年，瑞典化学家约翰·奥古斯特·阿韦德松在透锂长石中发现了锂元素。锂不仅是最轻的碱金属元素，也是最轻的金属元素。锂单质呈银白色，质地非常柔软，用剪刀就能够剪开。金属锂的密度约为水的一半，可以浮在水面上。含锂的锂离子电池应用非常广泛，如电动车电池和手机电池等。世界上锂储量最多的国家是智利、澳大利亚、阿根廷和中国。

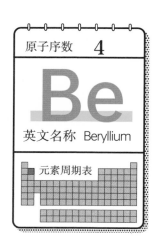

原子序数 **4**

Be

英文名称 Beryllium

元素周期表

铍

常温下状态 **固态**

高硬度 | 高强度 | 有剧毒

存在于	绿柱石等矿物中		
原子量	9.012 2	**密度**	1850 kg/m³
熔点	1287℃	**沸点**	2469℃
发现年份	1798 年		
发现者	（法国）路易·尼克拉·沃克兰		

▲块状的纯铍单质

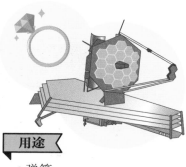

用途

● 弹簧
● 空间望远镜的反射镜
● 扬声器振膜

是祖母绿的成分，也用于制造空间望远镜

　　1798 年，法国化学家路易·尼克拉·沃克兰在绿柱石中发现了铍元素。绿柱石类宝石主要包括祖母绿和海蓝宝石等著名宝石。

　　铍的英文名称源自绿柱石的英文名称 "beryl"。铍单质是银白色的轻金属。金属铍非常坚硬，强度很高，在高温下延展均匀，是一种具备抗腐蚀性的金属，常被用于制造合金材料和当作原子反应堆中的减速剂。铍和铍化合物都具有毒性，摄入后可能致癌或造成肺功能损伤。

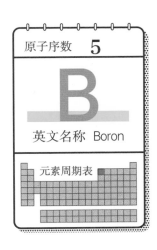

原子序数 **5**

B

英文名称 Boron

元素周期表

硼

晶体硼的硬度仅次于金刚石

存在于	硼砂、硼酸、硅硼钙石		
原子量	10.81	**密度**	2340 kg/m³
熔点	2076℃	**沸点**	3927℃
发现年份	1808 年		
发现者	（法国）路易·雅克·泰纳尔		

▲ 在玻璃中添加氧化硼抑制玻璃的热胀冷缩，制成耐高温玻璃，可承受急剧的温度变化

用途

- 烧杯
- 眼药水
- 蟑螂药

对生活有诸多益处的硼

　　硼是一种准金属元素。硼单质很轻，偏黑有金属光泽，坚硬且难溶于水。在航天领域中，硼可用在火箭发动机尾喷管中。硼酸溶于水的溶液称为"硼酸水"，具有杀菌能力，常被添加在眼药水、止痛贴、杀菌剂和肥皂中。多种形式的含硼化合物都是重要的工业原料，例如用硼酸制造玻璃纤维，用硼砂制造耐高温玻璃，以及用氮化硼制造精细陶瓷和切削工具的刀片。

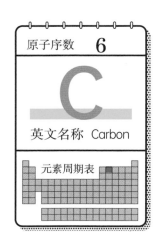

原子序数	6

C

英文名称 Carbon

元素周期表

碳

常温下状态 固态

生命之本，土壤之源

存在于	人体、二氧化碳、煤、石油		
原子量	12.011	**密度**	3513 kg/m³（金刚石）
熔点	3550℃（金刚石）	**沸点**	4827℃（金刚石）
发现年份	不明（自古以来就为人所知）		
发现者	不明		

◀金刚石中只含有碳一种元素，其在超过 1000℃的高温下会燃烧生成二氧化碳

用途

- 铅笔芯
- 活性炭
- 碳纳米管
- 塑料制品
- 橡胶

对地球上的生命最为重要的元素

　　碳是形成生物体和生物所需食物的重要元素，被称为"生命之本"。碳约占人体质量的 23%。碳元素的性质令其能形成多种形态的单质，如石墨和金刚石。从古人使用的木炭，到后来的塑料制品、碳纤维复合材料等，人们用碳元素制造出了各种各样的东西在生活中使用。如碳纤维复合材料具有质量轻、强度高的特点，常被应用于航空、体育器械等领域。碳的英文名称来源于拉丁语中的"carbo"，意思是"木炭"。

化石燃料

从发电站和工厂的运转到汽车的行驶，人类社会的发展离不开能源。目前，我们使用的能源主要来自化石燃料燃烧产生的能量。化石燃料包括煤、原油和天然气，它们可能是远古生物在地热和压力作用下分解和碳化的残骸。

图片来源：Kaz Ish

▲炼油厂对石油、天然气等进行加工处理，可以提炼出工业生产不可或缺的化学原料

铅笔芯和墨

用于制作铅笔芯的柔软黑色物质叫作"石墨"，别名"黑铅"，黑铅并不是铅（Pb）。而写毛笔字时用到的墨是用煤烟制作的。无论铅笔还是毛笔写出的黑色文字都与碳元素有关。

碳的化合物超过 2000 万种

 元素专栏

碳原子可以通过与其他 4 个原子结合，形成超过 2000 万种化合物。所有的有机化合物都含有碳元素。因为有机化合物是生命产生的物质基础，所以碳被称为"生命之本"。人体绝大部分组织以及碳水化合物、脂肪和蛋白质等生物必需的物质全部是有机化合物。含碳的有机化合物既构成了生物的身体，也是其生活中重要的能量来源。

图片来源：perago89

▲含碳水化合物的食物

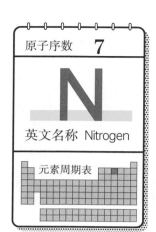

原子序数 **7**

N

英文名称 Nitrogen

元素周期表

常温下状态 **气态**

氮

无色无味

存在于 空气、蛋白质
原子量 14.007 　　　　**密度** 1.25 kg/m³
熔点 -210℃ 　　　　**沸点** -196℃
发现年份 1772 年
发现者 （英国）丹尼尔·卢瑟福

▲将氮气冷却至 -196℃时，可令其液化变为液氮，人们常将液氮用作冷却剂

用途

- 冷却剂
- 氮肥
- 炸药
- 安全气囊

形成人体的必要元素

　　氮气是空气中体积占比近 80% 的一种气体。因为它的存在，空气中的氧气得以维持在一定的浓度，令各种生物繁衍生息。氮、磷和钾是植物生长所需的三种重要元素。氮还是 DNA 分子和氨基酸（氨基酸是人体物质基础——蛋白质的基本单元）分子的组成元素。此外，几乎所有炸药中都含有氮氧化物成分。氮气与氧气的化合反应会生成氮氧化物 NOx，它们是空气污染的主要原因。

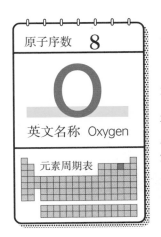

原子序数 **8**

O

英文名称 Oxygen

元素周期表

氧

无色无味 | 地壳中含量最多的元素

存在于 空气、水、地壳
原子量 15.999　　　　　　**密度** 1.429 kg/m³
熔点 -219℃　　　　　　　**沸点** -183℃
发现年份 1771 年
发现者 （瑞典）卡尔·威尔海姆·舍勒

◀大气中的氧气是植物光合作用的产物，据说每年通过光合作用生成的氧气约有 2600 亿吨

用途

● 火箭燃烧剂
● 医用氧气瓶
● 双氧水

地壳中含量最多的元素

　　氧气体积大约占空气体积的 21%。遍布地球的植物在光合作用下生成氧气，将其释放到空气中。此外，氧还以化合物的形式存在于水（H_2O）以及岩石中。氧是生物呼吸时必需的元素，也是动植物生存必不可少的元素。氧原子形成的臭氧还能吸收太阳光中的紫外线。氧具有极高的反应活性，能与各种物质发生化合反应，让物质的性质发生各种变化。氧气使木头和汽油"燃烧"，使铁等金属"氧化"生锈，让各种物体发生腐蚀。

燃烧时必需的元素

物质的"燃烧"是物质与空气中的氧气发生氧化反应，并放出光和热量的现象。日常生活和工业生产中不可或缺的"火"其实并不是某种元素，只是氧化反应的过程。

▲炼铁厂的标志性建筑——高炉。工人在冶炼钢铁时会鼓入氧气，令铁矿中的碳等杂质燃烧，从而降低钢铁中的杂质含量

臭氧层吸收紫外线

通过光合作用释放到大气中的氧气被短波紫外线照射时，会形成"臭氧"，臭氧分子由 3 个氧原子构成。臭氧层（平流层中臭氧浓度相对较高的部分）能够保护地面上的生物免受紫外线伤害。

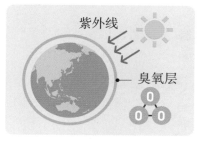

紫外线

臭氧层

▲臭氧（O_3）

氧的发现者有两位？

元素专栏

1771 年，瑞典化学家卡尔·威尔海姆·舍勒对氧进行了深入研究，并将研究结果撰写成书，该书却因为出版社的延迟在 1777 年才发行。这期间的 1774 年，英国化学家约瑟夫·普里斯特利先于舍勒发表了关于氧的研究结果。因此，普里斯特利也被认为是氧元素的发现者。

▲英国化学家约瑟夫·普里斯特利

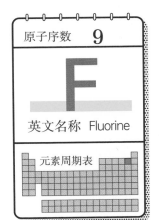

原子序数　9

F

英文名称　Fluorine

元素周期表

氟

淡黄色气体 | 气味独特刺鼻 | 化学性质活泼 | 有剧毒

存在于	萤石、冰晶石		
原子量	18.998	**密度**	1.695 kg/m³
熔点	-220℃	**沸点**	-188℃
发现年份	1886 年		
发现者	（法国）亨利·莫瓦桑		

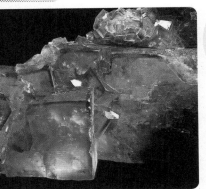

图片来源：Didier Descouens

▲萤石晶体。氟通常从这种矿石中提取，但单质氟在常温下呈气态，且易发生剧烈化学反应，分离单质非常困难

用途

- 特氟龙涂层
- 牙膏
- 数码相机的光学镜头
- 防水涂料

第二周期

9 / F

用于牙膏和炊具中

　　氟是一种化学性质极其活泼的元素，在自然条件下无法以单质形式存在。使用含氟牙膏可以预防龋齿；在平底锅和电饭煲内胆的表面镀覆一层含氟树脂（聚四氟乙烯）可以令其不沾油、不沾水而更方便使用。氟的英文名称源自萤石的英文名称"fluorite"。氟单质的剧毒令多位尝试提取氟单质的化学家中毒甚至死亡。成功分离出氟单质的法国化学家亨利·莫瓦桑也因此获得了诺贝尔化学奖。

原子序数	10

氖

常温下状态 气态

Ne

无色无味

英文名称 Neon

存在于	空气（痕量）
原子量	20.18
熔点	-249℃
发现年份	1898 年
发现者	（英国）威廉·拉姆齐、（英国）莫里斯·特拉弗斯

密度	0.899 9 kg/m³
沸点	-246℃

元素周期表

第二周期

10
Ne

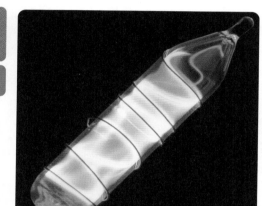

◀氖本身是无色气体，但其在高压电流通过时会发出橙红色的光。氖难以与其他元素发生化学反应

用途
- 霓虹灯
- 激光器

让夜晚的街道绚丽璀璨的霓虹灯

　　1912 年，法国巴黎的蒙马特高地出现了一种能发光的装置，它就是让夜晚的街道绽放绚烂光彩的霓虹灯。多种颜色的光来自充填氖气的通电玻璃管。氖本身为无色、性质稳定的气体，但通电时会发出橙红色的光。在氖中混入其他气体，可以产生新的颜色：氦发粉红色光，汞蒸气发蓝绿色光，氪发黄绿色光，氩发蓝紫色光。氖的发现者是英国化学家威廉·拉姆齐和莫里斯·特拉弗斯。

原子序数	**11**

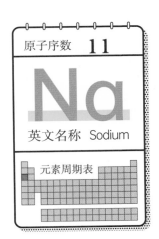

Na

英文名称 Sodium

元素周期表

钠

常温下状态 **固态**

银白色金属 | 质地柔软

存在于	岩盐		
原子量	22.99	**密度**	971 kg/m³
熔点	98℃	**沸点**	883℃
发现年份	1807 年		
发现者	（英国）汉弗里·戴维		

图片来源：Dnn87

▲金属钠。钠能与空气中的水汽发生反应，因此需要保存在煤油中

小苏打 浴盐 食盐

用途

● 食盐
● 小苏打
● 浴盐
● 肥皂

食盐和浴盐

钠单质很容易发生化学反应，与水接触会发生爆炸。钠是一种可以用小刀切割的柔软碱金属。我们身边有许多种含钠的化合物，从入口的食盐和味精，到卫生间里用的漂白剂、肥皂、浴盐，再到隧道里的钠灯。对古埃及人来说，碳酸钠是保存木乃伊时必需的干燥剂。人体内和海洋中都有大量含钠化合物。钠的元素符号来源于拉丁语中的 "natrium"，意思是 "钠"。

原子序数	**12**

Mg

英文名称 Magnesium

元素周期表

镁

常温下
状态　固态

轻质、比强度高的银白色金属

存在于	白云石、菱镁矿、海水		
原子量	24.305	**密度**	1740 kg/m³
熔点	650℃	**沸点**	1090℃
发现年份	1808 年		
发现者	（英国）汉弗里·戴维		

图片来源：Warut Roonguthai

▲金属镁的晶体。制造汽车、航空器、航天器
的材料中都含有镁

用途

- 电脑
- 豆腐
- 矿泉水
- 杏仁

既是制造轻合金的原料，也是卤水的成分

　　镁是一种比铝更轻、比钢铁的比强度更高的金属。金属镁具有防止
电磁波泄漏的屏蔽性能，还具有良好的导热性。这些性质让镁常用于制
作笔记本电脑和智能手机的机身。对于植物来说，镁是叶绿素的中心离
子，在植物的光合作用中必不可少。园艺肥料中用到的"苦土石灰"中
含有大量氧化镁。点豆腐时用到的"卤水"的主要成分也是镁化合物。
镁的英文名称来源于希腊的一个地名"Magnesia"（马格尼西亚）。

原子序数	**13**

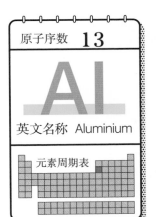

Al

英文名称 Aluminium

元素周期表

铝

常温下状态 固态

银灰色的轻质金属 | 地壳中含量最多的金属元素

存在于	铝土矿、刚玉		
原子量	26.982	**密度**	2700 kg/m³
熔点	660℃	**沸点**	2470℃
发现年份	1825 年		
发现者	（丹麦）汉斯·奥斯特		

◀铝在地壳中的丰度仅次于氧和硅，排在第三位。铝是一种轻质金属，具有良好的导电性和导热性

用途
- 硬币
- 铝箔
- 易拉罐
- 汽车车身

曾经比金银更贵的金属

　　铝制品如今遍布于日常生活的各个角落，例如硬币、炊具以及易拉罐，但在刚发现铝的 19 世纪，制备金属铝还非常困难，那时人们将铝视为极其贵重的金属。拿破仑三世在晚宴上招待国宾时，用的就是铝制而非金银餐具。1886 年，随着电解制备铝的霍尔－埃鲁法的发明，铝制品才普及开来。电解法需要消耗大量电能，因此铝又被称作"电力罐头"。

形成氧化层防止腐蚀

纯铝具有很高的反应活性，当它暴露在空气中时极易与氧气发生反应形成氧化铝等化合物。这层致密的氧化铝膜，可以很好地防止内部金属被氧化腐蚀。

▲铝箔纸。金属往往具有质地柔软、延展性（分为拉伸塑性形变的延性和压成薄片的展性）强的物理性质

铝的回收再利用

铝用于制造食品包装、罐头瓶盖、易拉罐等物品，其因不易腐蚀而可以回收利用。如今全世界超过三分之一的铝制品都是用再生铝制成的。日本对铝的回收率为89.2%，仅次于巴西，在世界上排第二位。

▲绝大部分易拉罐都是用再生铝制成的

地壳中含量排名第三位的元素

元素专栏

铝是地壳中含量最多的金属元素，含量约为铁的2倍。在工业生产中，我们从铝土矿中提取出氧化铝后，以电解法生产金属铝需要用到大量电力，而使用回收的易拉罐生产铝则只需要电解法所需用电量的3.7%，因此国家会大力推广回收利用铝制品。

▲铝土矿矿石

原子序数 **14**

Si

英文名称 Silicon

元素周期表

硅

灰色有金属光泽的准金属

存在于	石英、长石		
原子量	28.085	**密度**	2330 kg/m³
熔点	1414℃	**沸点**	3265℃
发现年份	1824 年		
发现者	（瑞典）永斯·雅各布·贝采利乌斯		

▲ 硅锭。制造半导体芯片、液晶显示屏、太阳能电池的半导体材料

用途

- 半导体材料
- 陶瓷
- 水泥
- 有机硅树脂

用于制造半导体和光纤

　　硅是地壳中含量仅次于氧的元素，在地壳中含量约为 26%。因其氧化物的质地坚硬，自古以来人们就将其用于制造玻璃。含硅的代表性矿石是石英（二氧化硅），其振荡能准确地指示时间，因此被用于制造石英钟。在高新技术产业中，硅是半导体芯片、太阳能电池等产品的不可或缺的原材料。硅的英文名称来源于拉丁语中的"silicis"，意思是"燧石"。

硅是当代社会的支柱

制造半导体时，我们要先使硅熔融，制成单晶硅的硅锭，再将硅锭切割成片状的晶圆，在其表面加工出多个芯片。在这之后，我们就可以将加工好的芯片从晶圆上切割下来进行封装了。

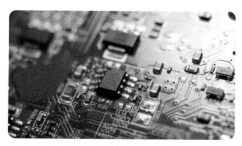

▲以硅石为原料提取出纯度约98%的粗硅后，再精制成纯度更高的单晶硅

用途广泛的有机硅

硅原子和碳原子相连可以形成含硅的有机化合物"有机硅"。有机硅没有气味，可以加工成各种形状，用于制造硅油、化妆品、隐形眼镜等多种产品。

▲质地与橡胶相似的硅胶制品，能够耐受高温，可制成点心模具，脱模效果非常好

这里也有硅的存在

元素专栏

硅在地壳中的含量很高，大部分硅元素以石英、云母等二氧化硅和硅酸盐的形式存在。照片中是石英晶体，它是二氧化硅结晶形成的矿物。比较纯净的二氧化硅晶体被称为"水晶"。此外，远古时期就存在一种名为"硅藻"的藻类，其化石形成的土壤称为"硅藻土"，硅藻土的主要成分也是二氧化硅。

图片来源：Didier Descouens

▲石英晶体

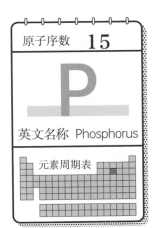

原子序数 **15**

P

英文名称 Phosphorus

元素周期表

磷

常温下状态 固态

非金属 | 有多种不同颜色的同素异形体

存在于	磷灰石、DNA		
原子量	30.974	**密度**	1820 kg/m³（白磷）
熔点	44℃（白磷）	**沸点**	281℃（白磷）
发现年份	1669 年		
发现者	（德国）亨尼格·布兰德		

第三周期

15
P

▲ 火柴盒侧面的摩擦层上含有红磷

氮　磷　钾

用途

● 火柴点火剂
● 农作物肥料（磷酸）

维持生命不可或缺的元素

　　磷是形成人体 DNA 和细胞所必需的元素。1669 年，德国炼金术师亨尼格·布兰德在蒸馏人类尿液时发现了磷。磷和碳一样拥有多种同素异形体，包括白磷、红磷、紫磷和黑磷，它们都是根据颜色命名的。在农业方面，磷是肥料中不可或缺的三大营养素之一。神经毒气都含有磷，如沙林毒气。

原子序数 **16**

S

英文名称 Sulfur

元素周期表

硫

常温下状态 **固态**

浅黄色晶体 | 有臭味

存在于 火山口、硫黄矿
原子量 32.06 　　　　　　　**密度** 2070 kg/m³
熔点 115℃ 　　　　　　　　**沸点** 445℃
发现年份 不明
发现者 不明

第三周期

16
S

▲ 在火山附近和温泉周边可以捡到硫的晶体，自古以来人们就知道这是一种易燃物质

用途

- 硫酸
- 火药
- 橡皮筋
- 皮肤病药物

洋葱正是因为它才"催人泪下"

　　硫黄可以在火山口附近找到，因此硫是一种人们自古以来就熟知的元素。温泉、洋葱和大蒜的气味都是硫或者说含硫化合物的气味。硫是生产硫酸和石膏的原料，在工业上非常重要。在天然橡胶中掺入少量硫，能显著提高橡胶的弹性。硫也是氨基酸的组成元素之一，可以为我们的健康提供保障。世界上第一种抗生素"青霉素"中就含有硫。

原子序数	**17**

Cl

英文名称 Chlorine

元素周期表

氯

常温下状态 气态

有毒、有刺激性气味的黄绿色气体

存在于	岩盐		
原子量	35.45	**密度**	3.209 kg/m³
熔点	-102℃	**沸点**	-34℃
发现年份	1774 年		
发现者	（瑞典）卡尔·威尔海姆·舍勒		

▲氯气可以用于给自来水消毒

用途

- 漂白剂
- 洁厕灵
- 杀菌剂
- 保鲜膜

第三周期

17 Cl

漂白剂、杀菌剂中含有的元素

　　氯具有很强的杀菌、漂白能力，是自来水和泳池消毒中必不可少的元素。部分塑料如聚氯乙烯中也含有氯元素，聚氯乙烯可用于制造保鲜膜、供水管道等。氯气有毒，在第一次世界大战时其曾被用作毒气武器。含氯物质在不完全燃烧时会生成剧毒的二噁英。

原子序数	**18**		
Ar			
英文名称	Argon		

元素周期表

氩

常温下
状态 **气态**

少与其他物质发生反应的无色气体

存在于	空气		
原子量	39.95	**密度**	1.784 kg/m³
熔点	-189℃	**沸点**	-186℃
发现年份	1894 年		
发现者	（英国）威廉·拉姆齐、（英国）约翰·斯特拉特		

◀氩是无色的气体，在通高压电时会发出蓝紫色的光

用途
- 隔热玻璃填充气体
- 氩激光器
- 电弧焊保护气体

图片来源：Jurii

大显身手的 "懒惰" 气体

　　氩是稀有气体元素之一，稀有气体也被称为"惰性气体"。英国化学家威廉·拉姆齐和约翰·斯特拉特让空气在红热的镁（镁会和空气中的氧和氮产生反应）上通过时，发现总是会有气体剩余，该气体就是氩气。空气中氮气的含量为 78%，氧气的含量为 21%，含量排在第三位的就是约 1% 的氩气。在我们的生活中，氩经常被用作白炽灯泡和隔热玻璃的填充气体。在医疗领域中，氩激光器可用于治疗青光眼和癌症等疾病。

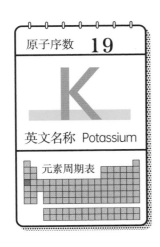

原子序数 **19**

K

英文名称 Potassium

元素周期表

钾

常温下状态 **固态**

质地柔软的银色金属 | 化学性质活泼

存在于	钾长石、光卤石		
原子量	39.098	**密度**	860 kg/m³
熔点	63℃	**沸点**	759℃
发现年份	1807 年		
发现者	（英国）汉弗里·戴维		

第四周期

19
K

用途

- 烟花
- 火柴
- 肥料

▲ 含钾的钾石盐。钾以多种化合物的形式存在于地壳中，其含量约为 2.4%

人体必需矿物元素

　　钾和钠一样，都是有代表性的人体必需矿物元素。钾是神经传递信息和肌肉收缩所必需的营养物质。与钠相似，钾也是柔软的银色金属，需要保管在煤油中。草木灰中富含钾，钾是肥料中不可或缺的三大营养素之一。其化学性质非常活泼，能与各种物质结合形成制作肥皂、玻璃、火药等物品的原料，也能形成盐类物质。钾的元素符号来源于拉丁语中的 "kalium"，意思是 "草碱"。

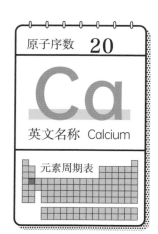

原子序数 **20**

Ca

英文名称 Calcium

元素周期表

钙

常温下状态 **固态**

柔软有光泽的银白色金属

存在于	大理石、钟乳石、珍珠、珊瑚		
原子量	40.078	**密度**	1540 kg/m³
熔点	842℃	**沸点**	1484℃
发现年份	1808 年		
发现者	（英国）汉弗里·戴维		

◀ 形貌各异的贝壳，其主要成分是碳酸钙

用途

- 石膏
- 粉笔
- 卷烟纸
- 水泥

因壮骨营养品而广为人知的元素

钙是我们身体中含量最多的金属元素。钙不仅存在于骨骼和牙齿中，也存在于细胞和体液中。牛奶、奶酪、酸奶、沙丁鱼和海藻等食品都富含钙元素，我们在日常饮食中应适当摄入。钙以碳酸钙的形式存在于自然界的贝壳、珊瑚、石灰岩、大理石等物质中。在医疗领域中，含钙化合物磷酸钙是制造人工骨骼和人造假牙的原料。钙的英文名称来自拉丁语中的"calx"，意思是"石灰"。

建筑物离不开的元素

人类在建造金字塔时就已经开始利用钙。除了金字塔外，古人还利用含钙的化合物（石灰岩、大理石）建造了各种各样的建筑物，古罗马的水道系统和剧院中都用到了钙。

▲古埃及的胡夫金字塔用了约 230 万块石灰石块，平均每块重 2.5 吨

骨骼的主要成分

人们常说补钙能壮骨，这是因为骨骼和牙齿的主要成分就是磷酸钙和碳酸钙等含钙化合物。人体中约含 1 千克钙，其中超过九成都以骨骼和牙齿的形式存在。为了拥有结实的骨架，钙元素必不可少。

▲霸王龙的骨骼化石。霸王龙的体长约 12 米，体重约 7 吨

构成溶洞的元素

📖 元素专栏

石灰岩中的碳酸钙能够溶于含有高浓度二氧化碳的水中，形成碳酸氢钙。随着地下水的流动，碳酸氢钙被水溶解带走，导致地下出现空洞（溶洞）。当水中的二氧化碳浓度降低时，碳酸氢钙中的钙会析出，形成溶洞中的钟乳石和石笋。从洞顶向下生长的是钟乳石，从地面向上生长的是石笋。

▲日本岐阜县的钟乳洞

原子序数	**21**

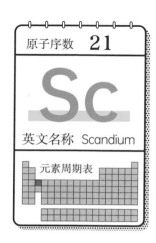

Sc

英文名称 Scandium

元素周期表

钪

轻质银白色金属

存在于	钪钇石		
原子量	44.956	**密度**	2990 kg/m³
熔点	1541℃	**沸点**	2836℃
发现年份	1879 年		
发现者	（瑞典）拉尔斯·尼尔森		

▲ 大块的钪金属单质，其在氧化时会发黄。钪几乎不会富集成矿，因此钪的生产和精制都很困难

用途

● 太阳能电池
● 竞赛自行车
● 金属卤化物灯

鲜为人知的昂贵元素

　　钪虽然属于稀有金属，但在地壳中的丰度比金和银更高。钪具有优异的机械性能，在结构材料领域有很大的应用潜力，但目前因为其过于昂贵而鲜有应用。在铝中掺入钪得到的轻合金强度极高，常被用于制造竞赛自行车的车架。在水银灯中掺入少量钪，可以让灯光更接近自然光，这种灯常在大型体育场中使用。钪的英文名称来自拉丁语中的"Scandia"，意思是"斯堪的纳维亚半岛"。

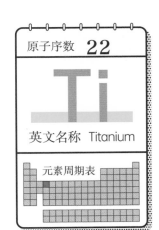

原子序数 **22**

Ti

英文名称 Titanium

元素周期表

钛

质地非常坚硬 | 富有光泽的银色金属

存在于	钛铁矿、金红石		
原子量	47.867	**密度**	4506 kg/m³
熔点	1668℃	**沸点**	3287℃
发现年份	1791 年		
发现者	（英国）威廉·格雷戈尔		

◀ 钛单质是银色的。钛在自然界中以氧化钛的形式存在于金红石和钛铁矿等矿物中

第四周期

22 Ti

用途

- 眼镜框
- 高尔夫球头
- 光触媒
- 防晒霜

高强度、高耐热的元素

钛元素的英文名称源自希腊神话中的巨人泰坦（Titan）。钛是一种轻质、不易氧化的耐热金属，因此是制造航空器、建材时不可或缺的元素。另外，我们在制造高尔夫球头、眼镜框等物品时也会用到钛。钛还具有不易生锈、不易致敏的特点，所以也被用来制造人造假牙和人工关节。氧化钛是一种众所周知的优质催化剂，它具有在光照下分解污染物的"光催化效应"和容易被水浸润的"亲水性"。

让污染物分解的"光触媒"

根据科学家的研究，氧化钛具有在水中吸收光并使污染物分解的"光催化效应"，以二氧化钛为基底的光触媒可以通过吸收紫外线使污染物分解。此外，氧化钛还具有很强的"亲水性"，可以使污染物在下雨时更容易被冲走。

◀光触媒镀膜可应用于房屋外墙、卫生间、抗菌材料、汽车后视镜等

体育用品和日常用品中的钛

钛铝合金是由钛和铝形成的合金，密度很低，兼具优异的耐热性和耐久性，常用于制造带叶片的轮盘零件（如燃气轮机的叶轮）。在日常生活中，钛材质的眼镜框因质地轻便、富有弹性、耐久耐腐而备受欢迎。

◀钛合金常用于制造高尔夫球头和网球拍等

不容易引起金属过敏的元素

📙 元素专栏

钛的特征之一是难以被腐蚀，因此使用者一般不会对钛过敏。由于这种性质，钛常被用于制造医疗器械，如植牙用的人工牙根、正颌矫正线材，以及治疗骨折时使用的固定板、螺钉。此外，氧化钛还具有隔绝紫外线的作用，常被添加到防晒霜等化妆品中。

▲种植牙

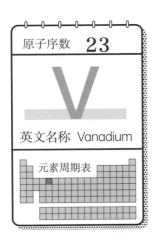

原子序数	**23**

V

英文名称 Vanadium

元素周期表

钒

柔软的银灰色金属

存在于	绿硫钒矿、钒钾铀矿		
原子量	50.942	**密度**	6110 kg/m³
熔点	1910℃	**沸点**	3407℃
发现年份	1801 年、1830 年		
发现者	（西班牙）德·里奥、（瑞典）尼尔斯·塞弗斯特瑞姆		

▲ 钒铅矿

▲ 在合金钢中加入钒可以提高其硬度，以制造扳手、螺丝刀等工具

用途

- 特殊钢材
- 催化剂
- 超导材料
- 钒基储氢合金

能增加钢铁硬度的稀有金属

　　西班牙的矿物学家德·里奥从钒铅矿中提取出钒时没能确认这是一种新元素。在这之后，瑞典的化学家尼尔斯·塞弗斯特瑞姆再次发现了该元素，并用北欧神话中代表"美"的女神凡娜迪丝（Vanadis）为之命名。钒常常用作提高合金钢硬度的添加剂。掺有钒的钛合金具有质地轻便、不易腐蚀的特性，常用于制造飞机和各种工具。人们曾猜测钒可能是人体必需的元素，但目前尚未有明确结论。不过，据说钒有治疗糖尿病的效用，随着今后的科技发展，或许会出现含有钒的药物。

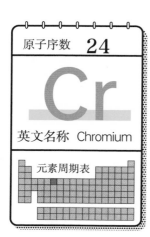

原子序数 **24**

Cr

英文名称 Chromium

元素周期表

常温下状态 **固态**

铬

具有高耐腐蚀性的坚硬金属

存在于　　铬铁矿、铬铅矿
原子量　　51.996　　　　　　　**密度**　　7150 kg/m³
熔点　　　1907℃　　　　　　　**沸点**　　2671℃
发现年份　1797 年
发现者　　（法国）路易·尼克拉·沃克兰

▲ 镀铬的汽车保险杠具有较好的耐腐蚀性和光泽度

▲ 铬令红宝石和祖母绿呈现红色或绿色

用途

- 颜料
- 镍铬合金丝
- 不锈钢

与色彩息息相关的元素

　　铬是有光泽的金属，耐摩擦、耐腐蚀，因此常经电镀处理后用在汽车和摩托车的装饰部分、照明灯具、室内装饰、水龙头上。为提高合金钢硬度而掺入 10.5% 以上的铬后形成的耐腐蚀合金就是不锈钢。镀铬材料和不锈钢不易生锈都是因为铬在物体表面形成了一层坚固的薄膜。六价铬有剧毒，因此各国都有关于它的应用限制规定。三价铬则可以安全地用作色素。

原子序数 **25**

Mn

英文名称 Manganese

元素周期表

锰

硬而脆的银色金属

存在于　软锰矿、锰结核

原子量　54.938　　　　　**密度**　7300 kg/m³

熔点　1246℃　　　　　**沸点**　2061℃

发现年份　1774 年

发现者　（瑞典）约翰·戈特利布·甘恩

▲菱锰矿（含锰碳酸盐矿物）晶体因锰离子而呈现红色

▲在制造汽车时，为了保证碰撞安全性会在钢中添加锰以增加强度

用途

● 碱锰电池
● 氧化锰
● 铁轨

用于制造电池和钢铁的稀有金属

　　锰最为人熟知的用途是制造锰电池。纯态的锰坚硬却易碎，所以锰往往不以金属单质而以合金的形式被利用。在铁中掺入锰可以提高合金的抗拉强度，这种合金可用于制造铁轨、桥梁等。锰不仅分布在地面上，在海底也以锰结核的形式存在着。

原子序数	26

铁

常温下状态 固态

容易被磁石吸引的银白色金属

Fe

英文名称 Iron

元素周期表

存在于	赤铁矿、磁铁矿、红细胞		
原子量	55.845	**密度**	7874 kg/m³
熔点	1538℃	**沸点**	2861℃
发现年份	自古以来就为人所知		
发现者	不明		

◀ 在高炉中加入铁矿石和焦炭，在 2400℃的高温下，焦炭中的碳和铁矿石中的氧会结合，铁则以液态金属的形式流出

用途

- 菜刀
- 汽车
- 建筑结构材料
- 暖宝宝

自古以来人类使用最多的金属之一

　　铁是整个地球中含量最丰富的元素。公元前 1500 年左右人类就开始使用铁，并用铁加工出了各种各样的工具。铁可用于制造建筑材料、交通工具和日常用品。铁在空气中容易氧化，因此暖宝宝和食品脱氧剂中都含有铁粉，它们可以利用铁的氧化反应发热和吸氧。此外，铁也是人体的必需元素之一，血液中含铁的血红蛋白可以通过与氧结合来运输氧气。铁的元素符号来自拉丁语中的"ferrum"，意思是"铁"。

含碳量不同的铁叫法不同

铁合金的名称随含碳量的变化而不同：含碳量低于 0.02% 的称作"熟铁"，熟铁柔软、延展性好；含碳量为 0.02%~2.11% 的称作"钢"，钢常用于制造家具；含碳量在 2.11% 以上的称作"铸铁"，铸铁加热后容易熔融、塑性好，可用于制造铁板烧的铁板。

▲生铁（含碳量大于 2% 的铁碳合金）虽然硬而脆，但容易熔融，因此便于加工

暖宝宝

暖宝宝中含有铁粉，我们在揉搓暖宝宝时，铁粉会和空气中的氧气发生氧化反应，反应过程产生的热量令我们感到温暖。只是铁和氧并不容易发生反应，因此我们还需要加入氯化钠、氯化钾和水作为催化剂。

▲可以贴在衣服上的暖宝宝（暖宝宝利用的是铁在潮湿空气中会氧化生锈的方法，这种方法和铁在海边更容易生锈的原理相同）

地核的主要组成元素是铁和镍

📖 元素专栏

地球由许多物质形成的层状结构堆叠而成。组成地球的元素中，铁、氧、硅和镁大约占据了 90%。容易与铁结合的元素密度更大，因而更容易向地心沉降。地球的外核主要由铁、镍和硫组成。地球的内核中，铁占 85%，镍占 10%。如果用地核所含的铁来铺设铁轨，可以绕地球 500 圈。

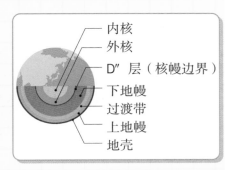

内核
外核
D″ 层（核幔边界）
下地幔
过渡带
上地幔
地壳

原子序数 **27**

Co

英文名称 Cobalt

元素周期表

钴

容易被磁石吸引的银灰色金属

存在于	辉钴矿、硫钴矿		
原子量	58.933	**密度**	8860 kg/m³
熔点	1495℃	**沸点**	2927℃
发现年份	1735 年		
发现者	（瑞典）格奥尔格·布兰特		

▲ 掺入钴后呈蓝色的玻璃，钴玻璃自古就用于制作玻璃花窗

▲ 硬盘驱动器的磁头中含有铁钴合金

用途

● 颜料
● 磁性材料
● 干燥剂

美丽的蓝色

　　一提到钴这种元素，我们脑海中往往会立刻浮现出"钴蓝"。钴蓝在古埃及时就已经被用作颜料。在中国，工匠们在绘制青花瓷的蓝色花纹时使用的颜料也含有钴。金属钴主要用于制取合金，钴的合金及其配合物用途非常广泛。由于钴合金的强度较高，且耐热、耐腐蚀，所以其被广泛应用于工业、航空航天和医疗领域。钴也是生物体必需的元素之一，缺钴会导致贫血。钴的英文名称来源于德语中的"kobold"，意思是"哥布林"（地精）。

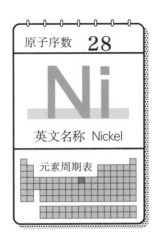

原子序数 **28**

Ni

英文名称 Nickel

元素周期表

镍

容易被磁石吸引的银白色金属

存在于	镍黄铁矿、硅镁镍矿		
原子量	58.693	**密度**	8903 kg/m³
熔点	1455℃	**沸点**	2730℃
发现年份	1751 年		
发现者	（瑞典）弗雷德里克·克龙斯泰特		

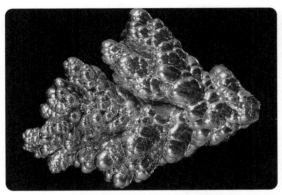

图片来源：Jeff-o-matic

▲镍废料。虽然很漂亮，但对电镀厂来说这只是工业废弃物

用途

- 硬币
- 形状记忆合金
- 耐热合金
- 镍氢蓄电池

以合金的形式活跃在诸多领域

镍是一种有延展性、易于加工的金属。镍与铜的合金（白铜）在日本用于制造 50 日元和 100 日元硬币，在美国则用于制造 5 美分硬币。镍也可用作电池的电极材料，来制造可以反复充电的镍氢蓄电池。此外，镍和钛的合金具有形状记忆功能，被应用于医疗和纺织行业。由镍铬合金制成的"镍铬合金丝"则可以用在电炉和取暖器中。镍的英文名称来源于德语中的"nickel"，意思是"魔鬼"，之所以这样命名，是因为与铜矿外貌相近的矿石"kupfernickel"（魔鬼的铜）中含有镍，当时的科学家无法从中提取出铜。

原子序数	29

Cu

英文名称 Copper

元素周期表

铜

常温下状态 固态

橙红色金属 | 柔软 | 导电性强

存在于	黄铜矿		
原子量	63.546	密度	8960 kg/m³
熔点	1085℃	沸点	2562℃
发现年份	自古以来就为人所知		
发现者	不明		

◀橙红色的纯自然铜。铜在自然界中多以化合物的形式存在，少有纯自然铜

用途

- 电线
- 铜锅
- 合金材料
- 硬币

人类最早开始使用的金属之一

人类使用铜的历史相当漫长，在公元前 8000 年的遗迹中就有铜制饰品。铜的价格低廉，消费需求量仅次于铁和铝排在第三位。铜具有很强的导电性，常被用于制造电线。铜还具有良好的导热性，也易于加工，因此在厨具和医疗领域也有广泛应用。铜与锡的合金"青铜"可用于制造青铜器。铜也是生物体必需的元素之一，是许多酶的组成成分。铜的英文名称来源于拉丁语中的"Cyprium"，意思是"塞浦路斯"，那里曾产出大量铜矿。

不同种类的铜合金

铜可以制成多种合金，其中具有代表性的有银白色的"白铜"（铜镍合金）和"镍银"（铜镍锌合金）、黄色的"黄铜"（铜锌合金）和"炮铜"（铜锌锡合金）、金黄色的"青铜"（铜锡合金）等。"青铜"之所以用"青"命名，是因为铜生锈后呈蓝绿色。

图片来源：Mafue

◀高15米的青铜制卢舍那佛像，位于日本奈良县的东大寺，俗称"奈良大佛"

为什么有些动物的血液是蓝色的

包括乌贼、章鱼、中国鲎和狼蛛在内，大部分软体动物和节肢动物的血液都是蓝色的，这是因为它们的血液中有一种含铜离子的蛋白质"血蓝蛋白"。这种蛋白质平时无色透明，与氧结合时则会呈蓝色。

图片来源：Divervincent

▲拥有蓝色血液的莱氏拟乌贼

铜是导电率第二高的金属

元素专栏

输送电力的"铜芯电缆"活跃在各种各样的领域。在所有的金属中，导电率最高的是银，仅次于银的是铜，其后是金。其中铜最为廉价，又具有良好的导电性，是一种非常理想的金属。除了较好的导电性外，铜还有便于加工的特点，因此可用于制造各种电器、建筑和厨具。

▲铜芯电缆的截面

原子序数	30

Zn

英文名称 Zinc

元素周期表

锌

常温下状态 固态

蓝白色金属｜人体必需元素之一

存在于　闪锌矿、纤锌矿
原子量　65.38　　　　　　**密度**　7134 kg/m³
熔点　420℃　　　　　　　**沸点**　907℃
发现年份　1746 年
发现者　（德国）安德里亚斯・马格拉夫

▲锌的主要矿物原料闪锌矿

▲黄铜（铜锌合金）常被用于制作铜管乐器。铜管乐队的英文名称"brass band"中的"brass"翻译过来就是"黄铜"

用途

- 电池
- 水桶
- 铜管乐器

比铁更容易生锈的金属

　　锌是人类自古已知的元素之一。人体内的微量元素中，锌的含量仅次于铁排在第二。锌与酸和碱都能发生反应，是一种典型的两性物质。锌比铁更容易被氧化腐蚀（生锈），可以用于保护铁，因此人们很早就开始用镀锌的钢板作为建筑材料。此外，锌还可以用作电池的电极。

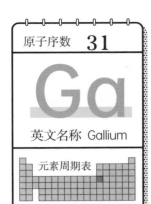

原子序数 **31**

Ga

英文名称 Gallium

元素周期表

镓

一种熔点很低的金属

存在于	铝土矿、闪锌矿		
原子量	69.723	**密度**	5910 kg/m³
熔点	30℃	**沸点**	2403℃
发现年份	1875 年		
发现者	（法国）德·布瓦博德朗		

图片来源：foobar

▲镓是一种熔点很低的银白色金属，可以在人的手掌上熔化成液体

◀蓝光 LED（发光二极管）

用途

● LED
● 半导体材料

重要的半导体材料

　　镓是在精炼铝和锌的过程中得到的副产物。镓与氮形成的化合物氮化镓是一种半导体，既能用于计算机领域，也能用于制造蓝光 LED。开发这种重要材料的科学家们因此获得了 2014 年的诺贝尔物理学奖。此外，镓与砷的化合物砷化镓可用于制造红光 LED 和读取 CD、DVD 时使用的激光器。镓的英文名称来源于拉丁语中的"Gallia"，意思是"高卢"（古代西欧地区）。

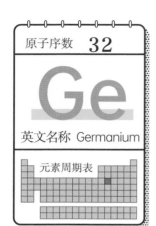

原子序数 **32**

Ge

英文名称 Germanium

元素周期表

锗

灰白色准金属

常温下状态 **固态**

存在于	羟锗铁矿		
原子量	72.63	**密度**	5323 kg/m³
熔点	938℃	**沸点**	2833℃
发现年份	1886 年		
发现者	（德国）克雷门斯·温克勒		

▲金属锗，硬而脆，可塑性小，不耐冲击。其化学性质与硅相似，是常见的半导体材料

▲ 20 世纪 50 年代后期至 60 年代，晶体管收音机（也称半导体收音机）开始普及

用途

● 二极管
● 晶体管

第一代晶体管材料

锗是一种优良的半导体材料，其导电能力介于金属和非金属之间。早期的晶体管和二极管都是用锗制成的，而如今硅取代锗成了主要的半导体材料。氧化锗也被用作生产 PET 树脂（矿泉水瓶的原料）的催化剂。有的保健产品宣称锗有提升免疫力的保健功能，但这种说法并没有科学依据。锗的英文名称源自德国的英文名称"Germany"。

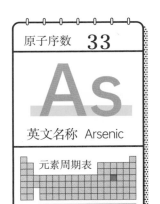

原子序数 **33**

As

英文名称 Arsenic

元素周期表

砷

有灰砷、黄砷和黑砷三种同素异形体

存在于	雌黄、雄黄		
原子量	74.922	密度	5750 kg/m³
熔点	817℃（2.8 MPa）	沸点	614℃（升华）
发现年份	13 世纪		
发现者	（德国）阿尔伯特·马格努斯		

▲黄色的雌黄和泛红的雄黄并存的矿石。雌黄和雄黄都是由砷硫化物形成的矿物，经煅烧会生成亚砷酸酐（三氧化二砷）

含砷化合物"巴黎绿"是绘画中会用到的绿色颜料

用途

● 半导体材料
● LED
● 药品

因毒药而闻名的元素

砷是一种准金属，其化合物多有毒性，从古罗马时期到现在都有人将其用作谋害性命的毒药，如"和歌山毒咖喱事件"（1998 年日本和歌山县发生的恶性投毒事件）。亚砷酸虽然常用作杀虫剂，但在合适的用法和用量下，它也可用于治疗急性早幼粒细胞白血病。此外，在工业领域中，砷与镓的化合物可以用于制造红光 LED 和砷化镓半导体激光器。羊栖菜和牡蛎等食品中都含有砷，但食用它们一般不会引起中毒。

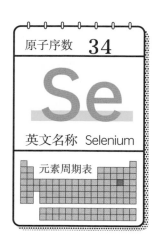

硒

Se

英文名称 Selenium

元素周期表

常温下状态 **固态**

具有光电导效应

存在于	自然硒、硫黄、硫化物	
原子量	78.971	**密度** 4810 kg/m³
熔点	221℃	**沸点** 685℃
发现年份	1817 年	
发现者	（瑞典）永斯·雅各布·贝采利乌斯	

▲块状金属硒，硒在地壳中的含量很少

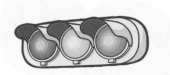

▲红色交通信号灯的灯罩掺入了硒作为着色剂

用途

● 玻璃添加剂
● 光电池
● 药品

受到光照时导电性提高

硒往往存在于硫黄和其他硫化物中。硒单质有多种同素异形体，在常温下能稳定存在的是灰色晶体硒，它也被称为"金属硒"。金属硒受到光照时导电性会提高（光电导效应），所以过去硒常被用在复印机的感光鼓和相机的测光表中。过量的硒会引发中毒反应，因此它逐渐被其他物质替代。硒是人体必需的微量元素之一，富含于坚果类食品中。

原子序数 **35**

Br

英文名称 Bromine

元素周期表

溴

有独特的刺激性气味 | 常温下单质呈液体

存在于	海洋		
原子量	79.904	密度	3103 kg/m³
熔点	-7℃	沸点	59℃
发现年份	1826 年		
发现者	（法国）安东尼·巴拉尔		

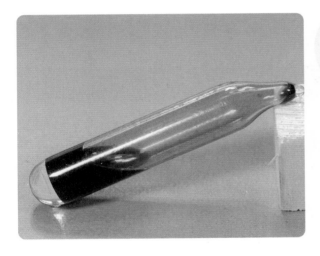

◀溴在室温下是液体，但溴的沸点很低，静置时会蒸发成红褐色的溴蒸气

第四周期

35 / Br

用途

- 胶片感光材料
- 色素
- 阻燃剂
- 杀菌剂

有刺激性气味的卤素

在常温常压下，只有溴和汞这两种元素的单质呈液态。红褐色的溴单质有刺激性气味，人在接触或摄入后会有中毒反应。含溴化合物往往不易燃烧，因此常作为飞机和列车的内饰材料。此外，溴化银还可用作胶片的感光材料。生活在地中海地区的软体动物"染料骨螺"的分泌物中含有溴，古罗马人会利用这种分泌物制作"骨螺紫"染料。

高贵的象征"骨螺紫"

《圣经·旧约》中提到"你的凉棚是用以利沙岛的蓝色，紫色布作的"，该紫色布就是用"骨螺紫"染成的。骨螺紫的化学成分是一种名为"二溴靛蓝"的含溴有机化合物。人们从 8000 枚骨螺中才能提取出 1 克骨螺紫，所以它非常珍贵。

◀用于提取骨螺紫的染料骨螺

图片来源：M.Violante

海报中的溴

日本人会用"ブロマイド"（bromide，溴化物）来指代人像海报，其原因就是海报往往是由溴化银涂面的光敏性相纸"溴素纸"（silver bromide paper）制成的。

◀售卖人像海报收藏品的老字号店铺"マルベル堂"（位于日本东京浅草）

溴的发现者有两人

元素专栏

1826 年，法国化学家安东尼·巴拉尔在盐沼中发现了溴元素。而在 1825 年，一名德国化学家卡尔·罗威也从泉水中分离出了溴。在罗威根据导师的指示对其进行大量提纯时，巴拉尔率先发表了他的发现，因此人们普遍认为溴的发现要归功于巴拉尔。

▲法国化学家安东尼·巴拉尔（1802—1876）

原子序数 **36**

Kr

英文名称 Krypton

元素周期表

氪

常温下状态 气态

无色无味的稀有气体元素

存在于 空气
原子量 83.798　　　　　　**密度** 3.733 kg/m³
熔点 -157℃　　　　　　　**沸点** -153℃
发现年份 1898 年
发现者 （英国）威廉·拉姆齐、（英国）莫里斯·特拉弗斯

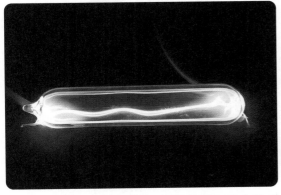

▲氪是透明无色的气体，在通高压电时会发出蓝白色的光

◀普通白炽灯泡中填充的气体是氩气，但以氪作为填充气体可以延长灯丝寿命

第四周期

36 / Kr

用途
● 灯泡
● 激光器

地球上最稀有的气体之一

　　氪属于稀有气体元素，除氟以外，氪几乎不与其他物质发生化学反应。氪的导热性差，能延长灯丝的寿命，因此有人用氪作为填充气体制造了氪灯泡。氪也常被用在闪光灯和放电管中。此外，在 1960 年至 1983 年期间，氪的波长曾被用作长度米的国际标准。

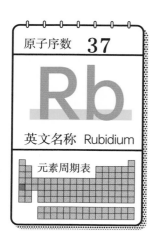

原子序数 **37**

Rb

英文名称 Rubidium

元素周期表

铷

常温下状态 **固态**

化学性质活泼的银白色金属

存在于	锂云母、光卤石		
原子量	85.468	**密度**	1532 kg/m³
熔点	39℃	**沸点**	688℃
发现年份	1861 年		
发现者	（德国）罗伯特·本生、（德国）古斯塔夫·基尔霍夫		

图片来源：Dnn87

▲银白色金属铷。铷在空气中会自燃，处理时需慎重

▲第一代 GPS（全球定位系统）卫星会使用铷原子钟

用途

- 铷原子钟
- 铷 - 锶法同位素年龄测定
- 烟花

用于计算太阳年龄的元素

　　和钠一样，铷也属于碱金属元素，也会和水发生剧烈反应。在过去，我们要想掌握 GPS 卫星的精确位置，就需要用到以铷原子计时的时钟。铷的放射性同位素铷 -87 会通过放出 β 射线衰变成无放射性的锶 -87，利用这个过程长达 488 亿年的半衰期，我们可以通过测定两种核素在岩石或陨石中的比例测定以亿年为单位的时间跨度，以此推测地球和太阳系的年龄。铷的英文名称来源于拉丁语中的"rubidus"，意思是"暗红色"。

原子序数 **38**

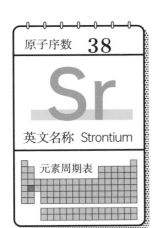

Sr

英文名称 Strontium

元素周期表

锶

常温下状态 **固态**

柔软的银白色金属

存在于　　菱锶矿、天青石
原子量　　87.62　　　　　　　　**密度**　2640 kg/m³
熔点　　　777℃　　　　　　　　**沸点**　1382℃
发现年份　1790 年
发现者　　（英国）阿代尔·克劳福德

▲ 纯度达 99.95% 的锶。锶的英文名称来源于英国苏格兰的一个村庄斯特朗申（Strontian），1790 年英国化学家阿代尔·克劳福德在该地开采出来的矿石中发现了锶

◀红色烟花中用到了氯化锶

第五周期

38
Sr

> **用途** ⟩

- 烟花
- 铁氧体磁铁
- 放疗

点缀天空的稀有金属

　　锶是一种非常柔软的金属，化学性质活泼，燃烧时会呈现显眼的红色，因此含锶化合物常被用于制造烟花和发烟筒。锶还常用于屏蔽 X 射线和制作玻璃添加剂、小型电动机、扬声器、磁带录放机等。此外，锶还可用于制造比铯原子钟更精确的光晶格钟。核电站排放的放射性同位素锶 -90 进入人体后容易积累在骨骼中，十分危险。

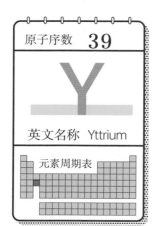

原子序数 **39**

Y

英文名称 Yttrium

元素周期表

钇

常温下状态 **固态**

柔软的银灰色金属

存在于	硅铍钇矿、独居石、氟碳铈矿
原子量	88.906
熔点	1526℃
发现年份	1794 年
发现者	（芬兰）约翰·加多林

密度 4469 kg/m³

沸点 3336℃

▲纯度达 99.99% 的钇，钇的英文名称来源于发现它的瑞典村庄伊特比（Ytterby）

▲汽车前照灯中用到了 YAG（钇铝石榴石）

用途

● 汽车前照灯
● 焊接材料

代表性固体激光器

　　钇是人类最早发现的稀土元素。金属钇虽然没有良好的延展性，但添加到合金中时能稳定合金的晶格，提高合金的强度和耐腐蚀性。由钇、铝、氧组成的钇铝石榴石是重要的激光基质，可用于焊接、加工等。此外，钇也是白光 LED 的荧光材料。在医疗领域，除激光治疗以外，钇的放射性同位素钇 -90 还能够用于治疗癌症。水溶性的含钇化合物对人体有害。

原子序数 **40**

Zr

英文名称 Zirconium

元素周期表

锆

银灰色金属

常温下状态 固态

存在于	锆石、斜锆石		
原子量	91.224	**密度**	6520 kg/m³
熔点	1855℃	**沸点**	4409℃
发现年份	1789 年		
发现者	（德国）马丁·海因里希·克拉普罗特		

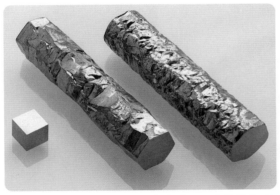

▲ 纯度达 99.97% 的锆。锆在常温下难以与其他物质发生化学反应，在高温下可以与水、氧气和卤素反应

▲ 二氧化锆可制成陶瓷，用于制造陶瓷刀等物品

用途

- 人造假牙
- 人工关节
- 燃气灶点火头
- 仿钻

可以用于仿造钻石

　　含锆化合物往往具有良好的耐热和耐腐蚀性，可以应用于诸多领域。如锆合金具有不易吸收中子的性质，可作为核反应堆的铀燃料包壳管；锆氧化物能够耐受温度的反复变化，可用于制作耐火砖；掺杂了钇等元素的"立方氧化锆"可以制成与钻石极为相似的璀璨装饰品。

原子序数 **41**		
Nb		
英文名称 Niobium		
元素周期表		

铌

柔软的银灰色金属

存在于	铌铁矿、烧绿石		
原子量	92.906	**密度**	8570 kg/m³
熔点	2477℃	**沸点**	4744℃
发现年份	1801 年		
发现者	（英国）查尔斯·哈切特		

▲ 由银和铌制成的纪念币，在奥地利发行。铌可以通过阳极氧化显现出各种颜色

▲阿波罗 15 号飞船。火箭推进器的喷管由铌合金制成

> **用途**
- 喷气发动机部件
- 超导磁体
- 电解电容器

金属铌超导材料

铌是一种柔软、便于加工的金属。巴西是铌的主要产地，80% 左右的铌都产自那里。在钢合金中掺入铌可以提升钢材的强度和耐热性，这种特种钢材可用于制造汽车的车身、船只、桥梁、燃气轮机等。此外，铌与钛的合金在 -263℃的超低温环境中，电阻会降至 0，这种电阻消失的状态叫作"超导态"。铌的临界温度（超导转变温度）是所有单质超导体中最高的，非常便于加工，因此其常被用于制造遥控模型汽车、磁共振线圈。铌的英文名称来源于希腊神话中宙斯的孙女尼俄伯（Niobe）。

原子序数	**42**

Mo

英文名称 Molybdenum

元素周期表

钼

常温下状态　固态

熔点很高的银白色金属

存在于	辉钼矿		
原子量	95.95	**密度**	10 220 kg/m³
熔点	2623℃	**沸点**	4639℃
发现年份	1778 年		
发现者	（瑞典）卡尔·威尔海姆·舍勒		

▲辉钼矿，二硫化钼为其主要成分

▲掺入钼可提升强度，因此钼合金可用于制造各种机械零件

用途

● 钼钢
● 印泥

用于制造韧性合金钢的元素

　　金属钼非常坚硬，是一种难以在单质状态下加工的金属。钼主要用作不锈钢等合金的添加剂。铬钼钢强度很高，但又有一定的韧性，便于焊接，因此可用于制造汽车车架、航空器、火箭推进器等。钼也是人体必需的元素之一，其关系到尿酸的形成和心肌能量代谢等诸多生理活动。

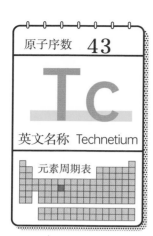

原子序数 **43**

Tc

英文名称 Technetium

元素周期表

锝

常温下状态 固态

银白色的过渡金属

存在于	铀矿石（痕量）		
原子量	97	**密度**	11 470 kg/m³
熔点	2157℃	**沸点**	4265℃
发现年份	1937 年		
发现者	（意大利）埃米利奥·塞格雷、（意大利）卡洛·佩里埃		

图片来源：RGB Research

▲外观与铂相似的放射性金属元素

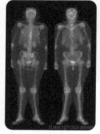

图片来源：ca51b

◀同位素锝-99m 被应用于标记骨骼的异常部位（红色）

> **用途**

● 骨显像示踪剂
● 血流示踪剂

世界上第一种人造元素

　　意大利的物理学家埃米利奥·塞格雷和卡洛·佩里埃在被氘原子核轰击的钼的样品中分离出了锝。锝会释放射线并衰变为其他元素，因此在地球上几乎找不到锝。只有铀矿石中存在着痕量的天然锝。锝的同位素超过20 种，每种都有放射性。我们可以利用锝的放射性来诊断癌症和观察脑部血管的堵塞情况。

原子序数	44

Ru

英文名称 Ruthenium

元素周期表

钌

银白色的稀有金属

存在于 硫钌矿、铂矿石
原子量 101.07 　　**密度** 12 410 kg/m³
熔点 2334℃ 　　**沸点** 4150℃
发现年份 1844 年
发现者 （俄罗斯）卡尔·卡尔洛维奇·克劳斯

图片来源：Metalle-w

▲金属钌又被称为"铂系元素"。钌的英文名称来源于"Ruthenia"（意指中世纪的鲁塞尼亚，包括现在的俄罗斯、乌克兰和白俄罗斯）

▲钌主要用于制造硬盘驱动器中的磁头

用途

● 磁头
● 钢笔笔尖
● 催化剂

提高硬盘的容量

　　钌是一种从铂矿石中分离出来的银白色金属，质地硬而脆，不容易发生化学反应（不容易氧化），耐腐蚀性强。钌和铱的合金耐磨性极强，可用于制作钢笔的笔尖。钌还可以用于提升铂族金属合金的强度、制造装饰品和电子元件。钌的熔点很高，还具有磁性，因此常被用在计算机和电视的硬盘中。如果我们在存储层中间添加一层钌，就可以有效地提升硬盘驱动器的存储密度，增大存储容量。

原子序数 **45**

Rh

英文名称 Rhodium

元素周期表

铑

极其稀有的银白色金属

常温下状态 固态

存在于	铂矿石	
原子量	102.91	**密度** 12 400 kg/m³
熔点	1964℃	**沸点** 3695℃
发现年份	1803 年	
发现者	（英国）威廉·沃拉斯顿	

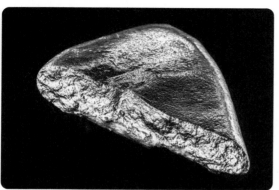

图片来源：0000

▲ 铑的电阻率很低，导电性强，因此可用作电接触材料

▲ 镀铑可以防止金属过敏

用途

● 三元催化剂
● 电路板

玫瑰色的铑盐溶液

　　金属铑呈银白色，硬度比金和银高得多，也属于价格昂贵的贵金属。铑具有高反射率，看起来如银一般闪耀。利用铑的高反射率，我们可以制造光学设备、照相机、装饰品的镀膜材料等物品。此外，铑还能够令汽车尾气中的氮氧化物转化为氮气和二氧化碳等无害物质，可用在汽车排气管的催化转换器中。

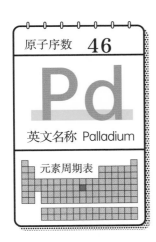

原子序数	46

Pd

英文名称 Palladium

元素周期表

钯

常温下状态 固态

柔软的银白色金属

存在于	铂矿石		
原子量	106.42	密度	12 020 kg/m³
熔点	1555℃	沸点	2963℃
发现年份	1803 年		
发现者	（英国）威廉·沃拉斯顿		

▲钯的英文名称源自 1802 年发现的小行星 "Pallas"（智神星）

▲钯能够同时转化碳氢化合物、一氧化碳和氮氧化物三种污染物

用途

● 人造假牙
● 三元催化剂

可吸收储存大量氢的元素

　　钯是一种非常稀少的贵金属，全球每年的钯产量约为 200 吨。钯的主要应用形式是三元催化剂，可用于净化汽车尾气。"钯金烤瓷牙"是由钯和少量的金银合成的。此外，铂金和 18K 金中也会添加钯来提升硬度。钯是一种能吸收大量气体的金属，它可以吸收自身体积 900 倍的氢气。为了今后能够更好地开发和利用氢能源，科学家们正在研究用钯制造储氢合金。

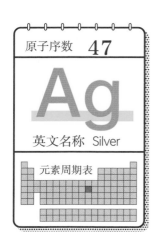

原子序数　**47**

Ag

英文名称　Silver

元素周期表

银

常温下状态　固态

具有优良导电性和导热性的金属

存在于	自然银、辉银矿
原子量	107.87
熔点	962℃
发现年份	自古以来就为人所知
发现者	不明

密度　10 500 kg/m³

沸点　2162℃

◀银自古以来就是用于制造货币和珠宝的贵金属

用途

● 首饰
● 硬币
● 工艺品
● 银盐感光胶片

最亮的金属

在所有金属中，银的光反射率最大，导电性和导热性也最好，延展性仅次于金。1克银可以拉成2千米长的细丝。因为银柔软易于加工，所以自古以来就被用于制作珠宝、货币、餐具和镜子等物品。纳米银导电膜可以应用于计算机和智能手机等电子产品中。此外，银离子还具有杀菌功能，市面上有多种用银离子制成的抗菌剂和杀菌剂。银的元素符号来源于拉丁语中的"argentum"，意思是"银"。

在古代比金更加昂贵的金属

人类使用银的历史至少有5000年。虽然现在黄金要比白银更贵，但在古代欧洲，银的价格曾经高达金价的2.5倍。金属银具有独特的美丽光泽，可用于制造珠宝、硬币和餐具。银也是比较热门的投资产品之一。

◀公元前2400年左右的银制花瓶。银容易与空气中的含硫成分发生反应而变黑

具有杀菌消毒作用的银

银离子有很强的杀菌作用，因此市面上有各种含银的抗菌产品。据说古埃及人会将硝酸银作为杀菌剂，如今硝酸银也被用于眼科所用杀菌剂和皮肤科所用软膏中。

▲硝酸银

达盖尔银版法

■■元素专栏

氯化银和溴化银等化合物可用于制造相机胶卷和相纸。法国人路易·达盖尔发明的"达盖尔银版法"标志着摄影的诞生。这种方法会直接在镀银的金属板上定影，金属板本身即为正像照片，没有底片，不能复制。

▲路易·达盖尔（摄于1844年）

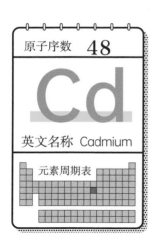

原子序数 **48**

Cd

英文名称 Cadmium

元素周期表

镉

常温下状态 固态

柔软的银白色金属

存在于	硫镉矿、闪锌矿		
原子量	112.41	**密度**	8690 kg/m³
熔点	321℃	**沸点**	767℃
发现年份	1817 年		
发现者	（德国）弗里德里希·施特罗迈尔		

▲ 纯度达 99.999% 的金属镉。它的性质与元素周期表中位于其正上方的锌相似

▲ 镉化合物可制成黄色或红色的颜料

用途

● 电池
● 电子元件

水体中的重金属污染物

　　长期摄入镉对人的身体有害。日本富山县的神通川下游地区曾因金属精炼工厂排出的废水而出现了一种叫作"痛痛病"的疾病。镉和镍可用于制造镉镍电池，一种叫作"镉黄"的黄色颜料中也含有镉。考虑到镉的毒性对人体和环境的不良影响，镉已不再被用于制造电池和颜料。镉的英文名称来源于拉丁语中的"cadmia"，意思是"菱锌矿"。

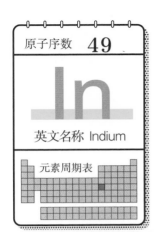

原子序数 **49**

In

英文名称 Indium

元素周期表

铟

柔软、光亮的银灰色金属

存在于	闪锌矿、方铅矿、铁矿石
原子量	114.82
熔点	157℃
发现年份	1863 年
发现者	（德国）费迪南德·赖希、（德国）希罗尼莫斯·里希特

密度 7310 kg/m³
沸点 2072℃

图片来源：Nerdtalker

▲ 铟是一种柔软的银灰色稀有金属，表面上的氧化膜使它相当稳定。德国科学家费迪南德·赖希和希罗尼莫斯·里希特通过靛蓝色谱线发现了铟，因此用拉丁语的 "indicum"（靛蓝）为其命名

▲ 铟可用于生产液晶显示屏的主要部件 ITO（氧化铟锡）导电玻璃

用途

● 液晶显示屏
● 发光二极管
● 半导体材料

液晶显示屏的导电玻璃

　　铟是一种质地柔软、熔点较低的金属。在氧化铟中掺杂氧化锡形成的 ITO 是一种透明的导电物质，主要用于制造液晶显示屏的导电玻璃。铟是半导体制造行业中不可或缺的稀有金属。日本北海道的丰羽矿山曾是全世界最大的铟产出地，但考虑到资源枯竭和回报率，丰羽矿山已于 2006 年停止开采，如今中国是世界最大的原生铟生产国。

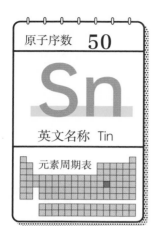

原子序数 **50**

Sn

英文名称　Tin

元素周期表

锡

常温下状态　固态

塑性和粘性较好的银白色金属

存在于　　锡石

原子量　　118.71　　　　**密度**　7287 kg/m³（白锡）

熔点　　　232℃　　　　　**沸点**　2602℃

发现年份　自古以来就为人所知

发现者　　不明

▲南美洲开采的纯净锡石。温度在 13.2℃ 以下时，锡会分解成灰色粉末

◀用镀锡钢板（马口铁）制成的机器人玩具。马口铁也常用于制作食品罐头的罐身

用途

● 食品罐头的罐身
● 管风琴
● 青铜器

青铜器与管风琴

　　锡是一种质地柔软的低熔点金属，是人类自古以来就熟知的金属之一。锡铜合金又称为青铜，其造就了灿烂的青铜时代。在钢表面镀锡可以防止钢材被腐蚀。锡合金有着独特的色泽，还能改善音质，因此也是制造管风琴和撞钟等乐器的理想材料。有机锡往往有剧毒，是一类使用受限制的化合物。锡的元素符号来源于拉丁语中的 "Stannum"（锡）。

原子序数 **51**

Sb

英文名称 Antimony

元素周期表

锑

柔软的银灰色金属

存在于	辉锑矿		
原子量	121.76	**密度**	6680 kg/m³
熔点	631℃	**沸点**	1587℃
发现年份	自古以来就为人所知		
发现者	不明		

▲辉锑矿是锑的硫化物矿物。锑是一种人们自古就已熟知的准金属，《圣经·旧约》中就有对锑的描述

◀古埃及的女法老克利奥帕特拉七世喜欢将硫化锑当作眼影

第五周期

51
Sb

用途

● 铅蓄电池的电极
● 铅字合金
● 阻燃剂

用作阻燃剂的准金属

　　锑是准金属，主要用于制造合金及半导体材料。铅和锑的合金可用作铅蓄电池的电极。铅、锡、锑的合金可用于制造印刷工业制版用的铅字。"三氧化二锑"可以添加到树脂和橡胶等材料中用作阻燃剂。中国的锑资源产量和储量都位居全球第一。锑的元素符号来源于拉丁语中的"stibium"（锑）。

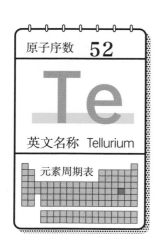

原子序数	**52**
Te	
英文名称	Tellurium
元素周期表	

碲

银白色的准金属

存在于	自然碲、针碲金银矿		
原子量	127.6	**密度**	6232 kg/m³
熔点	449℃	**沸点**	988℃
发现年份	1782 年		
发现者	（德国）米勒·冯·赖兴施泰因		

图片来源：R. Tanaka

▲ 碲是精炼铜时得到的副产物。因其从矿石中提取得到，因此用拉丁语中的"tellus"（大地）为其命名

▲ DVD-RW（可重复刻录光盘）的记录层用到了碲合金

用途

- DVD-RW
- 玻璃着色剂
- 手表

以"大地"为名的元素

碲有一定的毒性，人在吸入少量的碲后，呼气中会带有大蒜气味。碲可以用作着色剂，给陶瓷、珐琅、玻璃上红色或黄色。碲还可用于制造 CPU 的电子元件冷却装置。此外，碲合金具有加热时晶体结构发生变化（相变）的性质，可用于制造 DVD 或蓝光光盘的记录层。因温差产生电流的现象称为"塞贝克效应"，因电流产生温差的现象称为"珀耳帖效应"。碲可以用于制造同时具有这两种效应的"热电转换元件"，这种元件可应用于手表和小型冷藏柜中。

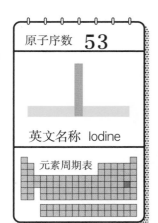

原子序数	**53**

碘

有光泽的紫黑色固体

英文名称 Iodine

元素周期表

存在于	海藻		
原子量	126.9	**密度**	4933 kg/m³
熔点	114℃	**沸点**	184℃
发现年份	1811 年		
发现者	（法国）贝尔纳·库尔图瓦		

◀单质碘是具有光泽的紫黑色固体，属于分子晶体

第五周期

53 / I

用途

- 消毒剂
- 卤素灯
- 漱口水

因消毒而为人熟知的元素

世界上碘产出量最大的国家是智利，第二是日本。加热碘单质时，碘会由固体直接升华为气体。消毒用的碘酊是碘的乙醇溶液，而用于检测淀粉的碘液则是含有碘化钾的溶液。碘是人体必需的元素之一，是合成甲状腺激素所需的元素，可以促进身体发育，但过度摄入碘也会影响健康。

千叶县的碘

日本是全世界碘摄入量最高的国家之一。日本绝大部分的碘都产自千叶县。千叶县作为碘的一大产出地，除药品之外，还生产饲料、摄影用品、工业催化剂、镇静剂、农药、消毒剂、电子器件等各种含碘产品。

◀碘具有杀菌和抗病毒作用，可用于制造消毒剂

富含碘的食品

碘富含于海藻类食品中，如海带、裙带菜和海苔。它们都是日本人饭桌上常见的食材，因此日本人几乎没有缺碘之忧。但摄入碘过多会导致甲状腺疾病，我们要注意适量摄取。

◀法国化学家贝尔纳·库尔图瓦从海藻灰中发现了碘

紫色的碘蒸气

元素专栏

在用升华法分离碘时，我们要先将放入碘单质的烧杯放在沙盘上，再在烧杯口盖上一只盛冷水的表面皿。然后我们需要加热烧杯，此时碘会升华（碘的熔沸点都相对较低，加热固体时会跳过液化过程直接变成紫色的蒸气），继而在表面皿底部凝华。

▲通过升华法分离碘

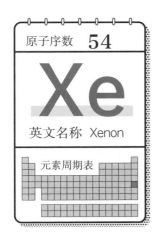

原子序数 **54**

Xe

英文名称 Xenon

元素周期表

氙

无色无味的高密度稀有气体

常温下状态 **气态**

存在于	空气（痕量）		
原子量	131.29	**密度**	5.887 kg/m³
熔点	-112℃	**沸点**	-108℃
发现年份	1898 年		
发现者	（英国）威廉·拉姆齐、（英国）莫里斯·特拉弗斯		

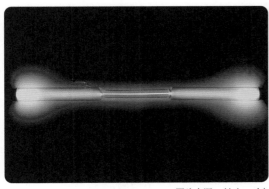

图片来源：Alchemist

▲氙的密度比空气更大，在密封玻璃管中通高压电时发蓝白色光

◀ "隼鸟号"小行星探测器。其离子推进器使用氙作为推进剂

第五周期

54 Xe

用途

● 氙气大灯
● 隔热材料

"隼鸟号"中用到的元素之一

氙属于稀有气体元素，是一种无色无味的高密度气体。氙气大灯在高电压下可以发出非常明亮的光，因此可用在汽车前照灯、投影仪和内窥镜中。氙气大灯中没有灯丝，因此其寿命比白炽灯更长。此外，将小行星上的尘埃带回地球的"隼鸟号"小行星探测器将氙用作了离子推进器的推进剂。氙作为推进剂时可以提供更快的速度，因此离子推进器的推进效率可以达到传统推进装置的 10 倍。

原子序数	55		
Cs			
英文名称 Caesium			
元素周期表			

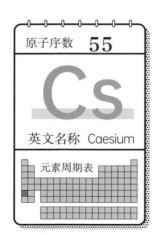

铯

柔软的淡金色金属

存在于	铯沸石、锂云母		
原子量	132.91	**密度**	1873 kg/m³
熔点	28℃	**沸点**	671℃
发现年份	1860 年		
发现者	（德国）罗伯特·本生、（德国）古斯塔夫·基尔霍夫		

图片来源：Dnn87

▲淡金色的金属铯。德国化学家罗伯特·本生和古斯塔夫·基尔霍夫通过光谱仪上的蓝线发现了铯，因此他们用拉丁语中的"caesius"（天蓝色）为其命名

图片来源：halfrain

▲据说铯原子钟每 3000 万年的误差不超过 1 秒

用途

- 原子钟
- 光电管

定义 1 秒钟的元素

　　铯的化学性质活泼，即使在低温下接触到少量水也会发生爆炸，暴露在空气中则会自燃。铯约有 40 种同位素，唯一一种稳定同位素铯 -133 被用于制作"原子钟"。铯原子从一能级跃迁至另一能级发出或吸收电磁波的频率很稳定，因此利用其跃迁次数可定义"1 秒"。2011 年日本福岛的核电站在海啸中受损，铯的放射性同位素（铯 -134、铯 -137）泄漏对生态环境造成了严重的威胁。

原子序数 **56**

Ba

英文名称 Barium

元素周期表

钡

柔软的银灰色金属

存在于	重晶石、毒重石		
原子量	137.33	**密度**	3594 kg/m³
熔点	729℃	**沸点**	1897℃
发现年份	1808 年		
发现者	（英国）汉弗里·戴维		

▲重晶石。其主要成分为硫酸钡，硫酸钡在 X 射线照射下会发出荧光

▲我们在做胃部 X 射线检查时喝下的造影剂是用硫酸钡制成的

用途

● 绿色烟花
● 造影剂

因 X 射线检查而为人熟知的元素

钡的密度很大，多数含钡化合物的密度也很大。说到钡，我们一般会想到在做胃部 X 射线检查时用到的造影剂。造影剂的主要成分是硫酸钡，其难溶于水，喝下后不会被人体吸收，所以能清晰地呈现出肠胃的轮廓形态。可溶性钡化合物有毒，摄入后可能引发呕吐、腹泻等症状。钡的焰色反应使其可用于制造绿色烟花。

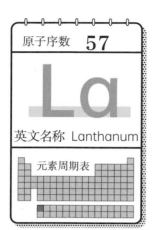

原子序数	**57**

La

英文名称 Lanthanum

元素周期表

常温下状态 固态

镧

柔软的银白色金属

存在于	独居石、氟碳铈矿
原子量	138.91
熔点	920℃
发现年份	1839 年
发现者	（瑞典）卡尔·古斯塔夫·莫桑德尔

密度	6150 kg/m³
沸点	3464℃

第六周期

57
La

▲ 纯度达 99.9% 的金属镧

◄ 含有多种稀土元素的混合稀土可用作打火机的打火石

用途

- 光学玻璃组件
- 储氢合金
- 打火石

活跃在新能源领域的元素

　　镧是镧系的第一种元素。元素周期表下方单独列出的两个元素系列中，上面一排为镧系元素。15 种镧系元素都属于稀土元素，具有相似的性质，都是制造最先进的技术产品时不可或缺的元素。氧化镧可用于制造陶瓷电容器和高折射率光学玻璃。镧与镍的合金可用于制造镍氢电池，丰田汽车公司将这种电池作为燃料电池汽车的蓄电池。

<table>
<tr><td>原子序数</td><td>58</td></tr>
</table>

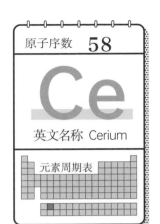

Ce

英文名称 Cerium

元素周期表

铈

常温下状态 **固态**

质地柔软、略带黄色光泽的银灰色金属

存在于	独居石、氟碳铈矿		
原子量	140.12	**密度**	6770 kg/m³
熔点	795℃	**沸点**	3443℃
发现年份	1803 年		
发现者	（瑞典）永斯·雅各布·贝采利乌斯、（瑞典）威廉·希辛格、（德国）马丁·海因里希·克拉普罗特		

▲略带黄色光泽的金属铈。其化学性质活泼，约 160℃时会自燃

▲铈能够吸收紫外线，因此可用于制造防紫外线玻璃

用途

- 汽车尾气净化催化剂
- 玻璃抛光粉
- 打火石

第六周期

58
Ce

镧系元素中最丰富的元素

铈是地壳中丰度最高的镧系元素。铈氧化物是玻璃抛光粉中的关键物质，也可以用于制造透镜、液晶面板、电子元件和人造宝石等。此外，将铈氧化物添加到玻璃中还可以吸收紫外线，可以用来制造防紫外线的太阳镜和汽车玻璃。含铈化合物还能用作柴油发动机中的催化剂，可减少"PM2.5"（细颗粒物）的排放，达到净化尾气的目的。铈的英文名称来自 1801 年发现的小行星"Ceres"（谷神星）。

镨

常温下
状态 固态

Pr

英文名称 Praseodymium

元素周期表

柔软的银灰色金属

存在于	独居石、氟碳铈矿
原子量	140.91
熔点	935℃
发现年份	1885 年
发现者	（奥地利）卡尔·奥尔·冯·韦尔斯巴赫

密度 6773 kg/m³
沸点 3520℃

▲金属镨质地柔软，氧化后表面会略带黄色

▲氧化镨可用于制造焊接护目镜

用途

● 焊接护目镜
● 颜料（镨黄）

和钕是"孪生兄弟"的元素

镨和钕是同时发现的两种金属，它们的氧化物大多呈绿色，因此镨和钕也被称为"绿色双胞胎"。镨主要用作颜料和烧制陶瓷时的黄色系釉料。在工业领域，镨是制造飞机引擎合金的重要元素，还可以用在吸收长波可见光和红外线的焊接护目镜中。此外，镨和钴还可以制成稀土钴永磁体，它虽然价格昂贵，但具有较好的抗腐蚀性和高温稳定性。

原子序数	60

钕

Nd

英文名称 Neodymium

元素周期表

柔软的银色金属

存在于	独居石、氟碳铈矿		
原子量	144.24	**密度**	7007 kg/m³
熔点	1024℃	**沸点**	3074℃
发现年份	1885 年		
发现者	（奥地利）卡尔·奥尔·冯·韦尔斯巴赫		

▲柔软的金属钕在空气中容易氧化，氧化后其表面会变为略带蓝色的灰色

▲巴克球（用强磁性的钕磁铁小球堆叠而成的摆件）

用途

● 钕磁铁
● 钕离子激光器
● 玻璃着色剂

用途广泛的钕磁铁

　　钕磁铁是由钕、铁和硼形成的四方晶系晶体，其由日本住友特殊金属（现为日立金属的子公司）的佐川真人于 1982 年发明。钕磁铁问世至今，已经在发动机、扬声器、耳机等诸多器材中得到应用。使用了钕磁铁的计算机硬盘驱动器的读写时间可减少至原先的三分之一甚至五分之一。钕和镨在同一时间被发现，它是镧系元素中第二丰富的元素。

原子序数	**61**

Pm

英文名称 Promethium

元素周期表

钷

银白色金属

存在于	铀矿石		
原子量	145	**密度**	7260 kg/m³
熔点	1042℃	**沸点**	3000℃
发现年份	1945 年		
发现者	（美国）马林茨基、（美国）格伦丁宁、（美国）克里尔		

▲模拟金属钷外形的合成照片。因为钷放射性太强，所以自然形成的钷在地球上几乎不存在

◀含钷的夜光涂料

用途

● 核能电池
● 日光灯启辉器

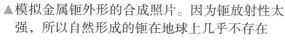

诞生于核反应堆的元素

　　自然形成的钷在地球上几乎不存在，仅有微量天然钷存在于铀矿石中。1945 年，美国田纳西州橡树岭克林顿实验室的研究人员马林茨基、格伦丁宁和克里尔从核反应堆中发现了钷。钷有放射性，在暗处可发出蓝白色的光，以前曾被用来制作发光的时钟表盘，但如今出于安全考虑已几乎不再使用。除了用于科学研究，钷还可用作空间探测器的核能电池。钷的英文名称源自希腊神话中的神明"Prometheus"（普罗米修斯）。

原子序数 **62**

Sm

英文名称 Samarium

元素周期表

钐

在高温下依然能保持磁性的磁性材料

存在于	独居石、氟碳铈矿		
原子量	150.36	**密度**	7520 kg/m³
熔点	1072℃	**沸点**	1794℃
发现年份	1879 年		
发现者	（法国）德·布瓦博德朗		

▲钐是从俄罗斯的矿务技术员发现的铌钇矿（samarskite）中发现的，因此以该矿石的名称命名

◀头戴式耳机

用途

● 永磁体
● 年代测定法

钐 - 钕测定法

　　钐是法国化学家德·布瓦博德朗从数种元素的混合物中发现的元素，具备很强的磁性。钐钴磁铁虽然因钕磁铁的出现不再是磁性最强的磁铁（如今磁性最强的磁铁是绝对零度下的钬磁铁），但它在约 700℃的高温下依然能保持磁性，且不易生锈，所以仍然广泛应用于微波设备、高温下工作的发动机中。此外，钐的放射性同位素钐 -147 的半衰期长达 1060 亿年，可用于测定早至太阳系诞生时的岩石的年代。

原子序数	63

Eu

英文名称 Europium

元素周期表

铕

常温下状态 **固态**

柔软、钢灰色的金属

存在于	独居石、氟碳铈矿		
原子量	151.96	**密度**	5243 kg/m³
熔点	826℃	**沸点**	1529℃
发现年份	1896 年		
发现者	（法国）德马凯		

第六周期

63
Eu

▲ 铕的发现者法国科学家德马凯用 "Europe"
（欧洲大陆）为其命名

▲ 彩色电视机画面中的红色

用途

● 红色荧光粉
● 荧光墨水

负责彩色电视机中的红色

　　自 1803 年发现铈到 1896 年发现铕，天然轻稀土类元素的发现历程终于告一段落。原子序数 57 至 71 号的镧系元素中，铕的性质最活泼，在空气中很容易氧化，因此需保存在真空或煤油中。铕的代表性应用是以前的显像管彩色电视机中的红色荧光粉。此外，铕还能和绿色荧光材料结合制成白光 LED。

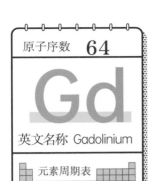

原子序数 **64**

Gd

英文名称 Gadolinium

元素周期表

钆

吸收中子能力最强的元素

存在于	独居石、氟碳铈矿		
原子量	157.25	**密度**	7900 kg/m³
熔点	1312℃	**沸点**	3273℃
发现年份	1880 年		
发现者	（瑞士）马里尼亚克		

▲磁光盘

> **用途**

- 磁光盘
- 核反应堆控制棒
- 磁共振造影剂

▲ 含钆化合物可用于制造提高图像对比度的磁共振造影剂

用途多样的钆

钆的磁性很强，在 15 种镧系元素中，只有钆能在常温下表现出磁性（但温度超过 20℃时钆会失去磁性）。钆还具有磁热效应（磁化时放热、退磁时吸热），在环保和节能方面都备受瞩目。此外，含钆化合物还能用作造影剂，帮助核磁共振成像仪获得对比度更高的精确图像。钆的英文名称来源于芬兰化学家加多林（Gadolin），用以纪念其首次发现稀土元素的贡献。

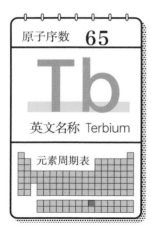

原子序数 **65**

Tb

英文名称 Terbium

元素周期表

铽

常温下状态 **固态**

氧化物可发出绿色荧光

存在于	独居石、氟碳铈矿		
原子量	158.93	**密度**	8229 kg/m³
熔点	1356℃	**沸点**	3230℃
发现年份	1843 年		
发现者	（瑞典）卡尔·古斯塔夫·莫桑德尔		

▲ 柔软的银白色金属铽放置在空气中时，其表面会缓慢腐蚀形成氧化物

▲ 铽可用作打印机的打印头

用途

- 磁光盘
- 打印头
- 显像管彩色电视机中的绿色荧光材料

有伸缩性的元素

瑞典化学家卡尔·古斯塔夫·莫桑德尔从铈土中分离出镧后，又从钇土中分离出了铽。铽的英文名称来源于发现钇土的瑞典村庄伊特比（Ytterby）。铽的氧化物能发出绿色荧光，可用作等离子电视和荧光灯中的荧光材料。此外，铽在磁场作用下能够伸缩，利用这种性质研发的"铽镝铁合金"可以实现一些精密的机械运动，可用于制造打印机的打印头等产品。

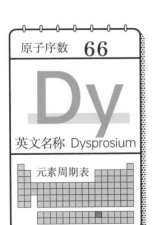

原子序数 **66**

Dy

英文名称 Dysprosium

元素周期表

镝

能够提升钕磁铁的矫顽力

存在于 独居石、氟碳铈矿
原子量 162.5   **密度** 8550 kg/m³
熔点 1407℃   **沸点** 2562℃
发现年份 1886 年
发现者 （法国）德·布瓦博德朗

第六周期

66
Dy

▲银白色的金属镝可以储存能量，再将能量以发光的形式释放出来

▲安全出口标牌（夜光标牌）中含有镝

用途

● 放电灯
● 磁光盘
● 永磁体添加剂

具有蓄光性质的元素

　　镝的发现者法国化学家德·布瓦博德朗历尽艰辛才成功将镝从氧化钬中分离出来。镝具有蓄光性质，因此可用于制造蓄光材料。此外，人们从前使用的夜光涂料需要利用物质的放射性，而镝荧光涂料的微量放射性对人体几乎无害，是一种相对安全的发光材料，所以安全出口标牌和警示牌往往会采用镝荧光涂料。

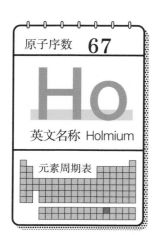

原子序数	**67**
Ho	
英文名称 Holmium	

元素周期表

钬

常温下状态 固态

可产生激光的元素

存在于	独居石、氟碳铈矿		
原子量	164.93	**密度**	8795 kg/m³
熔点	1461℃	**沸点**	2600℃
发现年份	1879 年		
发现者	（瑞典）佩尔·特奥多尔·克莱夫		

▲钬的英文名称源自瑞典首都斯德哥尔摩的拉丁文名字（Holmia）

▲钬激光治疗机

用途

● 医用激光
● 钬磁铁
● 有色玻璃

外科手术中的激光手术刀

瑞典化学家佩尔·特奥多尔·克莱夫于 1879 年从铒土中分离出钬和铥。钬是稀土元素中含量较少的元素之一，应用较少。钬激光一般用于泌尿外科、皮肤科等科室手术，其能在切开患部的同时令伤口止血，对周围组织损伤小，安全性高。

原子序数	68

Er

英文名称 Erbium

元素周期表

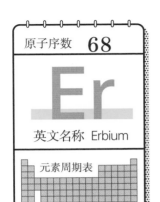

铒

常温下状态 固态

对光束有增益作用

存在于	独居石、氟碳铈矿		
原子量	167.26	**密度**	9066 kg/m³
熔点	1529℃	**沸点**	2868℃
发现年份	1843 年		
发现者	（瑞典）卡尔·古斯塔夫·莫桑德尔		

第六周期

68
Er

▲提取铒的矿石产自瑞典村庄伊特比（Ytterby），铒因此而得名

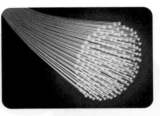

▲掺铒光纤

用途

- 激光放大器的掺杂剂
- 有色玻璃
- 护目镜

放大光纤中传导的光信号

　　与铽一样，铒也是从钇土中分离出的元素。铽因其磁学性质而备受重视，铒则在光学领域大放异彩。铒作为光纤掺杂物质，在信息通信领域是不可缺少的重要元素。用于制造光纤的石英玻璃虽然光透过率极高，但长距离的传导会使光信号减弱，这时就要用到掺铒光纤（EDF），它能放大光纤中传导的光信号。只要每隔一段距离安装一个掺铒光纤放大器，我们就能将信号的传导距离延长到 1000 千米以上。

原子序数	69

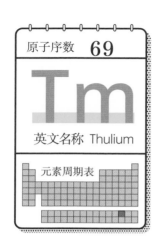

Tm

英文名称 Thulium

元素周期表

铥

常温下状态 **固态**

含量极其稀少的稀土元素

存在于	独居石、氟碳铈矿		
原子量	168.93	**密度**	9321 kg/m³
熔点	1545℃	**沸点**	1950℃
发现年份	1879 年		
发现者	（瑞典）佩尔·特奥多尔·克莱夫		

▲ 铥的英文名称来源有多种说法，较有说服力的一种是其源于斯堪的纳维亚半岛的旧用名"Thule"（极北之地）

▲ 光纤放大器

用途

- 光纤放大器
- 高温超导材料
- 便携式 X 射线扫描仪

对 S 波段光有放大作用的元素

美国化学家西奥多·理查兹为进行精密的相对原子质量测定，对溴酸铥进行了 15 000 次重结晶。1914 年，他因测定包括铥在内的多种元素的精确相对原子质量，成为首个获得诺贝尔化学奖的美国人。铥和铒一样可作为光纤的掺杂材料。铥可以弥补铒的带宽限制，放大 S 波段的光，增大光纤的传输容量，使我们能够流畅地传输大量数据。此外，铥还可用作便携式 X 射线扫描仪的 X 射线源。

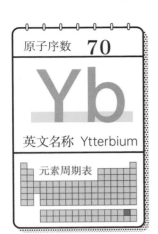

原子序数 **70**

Yb

英文名称 Ytterbium

元素周期表

镱

量子效率极高的稀土元素

存在于	独居石、氟碳铈矿		
原子量	173.05	**密度**	6900 kg/m³
熔点	824℃	**沸点**	1196℃
发现年份	1878 年		
发现者	（瑞士）马里尼亚克		

▲镱也是以瑞典村庄伊特比（Ytterby）命名的
元素

▲陶瓷电容器

用途
- 压力计
- 玻璃着色剂
- 陶瓷电容器

用于制造测定冲击波的压力计

从 1794 年发现钇开始，人类共发现了 17 种稀土元素，其中也包括镱。镱的英文名称源自发现它的瑞典村庄伊特比，除了镱之外，以该村命名的元素还有钇、铽和铒。镱具有导电率随压力变化的性质，因此可用于制造压力计，以测定地震和爆炸时产生的冲击波。此外，掺杂镱元素的激光器具有极高的功率和量子效率，可以实现高功率的脉冲激光输出。

原子序数 **71**

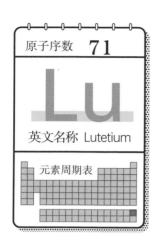

Lu

英文名称 Lutetium

元素周期表

镥

最硬的镧系元素

存在于	独居石、氟碳铈矿
原子量	174.97
熔点	1652℃
发现年份	1907 年

密度	9840 kg/m³
沸点	3402℃

发现者 （法国）乔治·于尔班、（奥地利）卡尔·奥尔·冯·韦尔斯巴赫、（美国）查尔斯·詹姆斯

▲镥的英文名称源自巴黎的古代名称"Lutetia"（鲁特西亚），巴黎是镥的发现者之一乔治·于尔班的故乡

▲ PET（正电子发射型计算机断层显像）设备中的闪烁体

用途

● PET 设备中的闪烁体
● 年代测定法

最晚发现的天然稀土元素

　　镥是最后发现的天然镧系元素。在自然界中镥的含量极为稀少，其分离方法也很复杂，因此镥在过去也被称为"比贵金属更昂贵的金属"。镥的用途比较有限，在我们较为熟悉的事物中，只有医疗领域中的 PET 设备会采用掺杂铈的硅酸镥作为设备的闪烁体（用于检测注入人体的示踪剂所产生的辐射）。此外，镥还可用于测定古代岩石和陨石的年代。

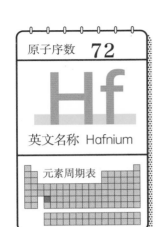

原子序数 **72**

Hf

英文名称 Hafnium

元素周期表

铪

具有较高的中子吸收系数

存在于	锆石、铪石		
原子量	178.49	**密度**	13 310 kg/m³
熔点	2233℃	**沸点**	4603℃
发现年份	1923 年		
发现者	（荷兰）迪尔克·科斯特、（匈牙利）乔治·德赫维西		

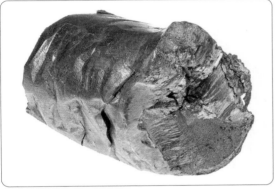

▲铪的英文名称源自丹麦首都哥本哈根的拉丁语名 "Hafnia"，哥本哈根是发现铪的实验室所在地

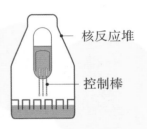

核反应堆

控制棒

▲核反应堆控制棒

用途

● 核反应堆控制棒
● 耐火材料

可用于制作核反应堆控制棒

　　铪存在于锆石中，大多数工业铪是精炼锆时获得的副产物。铪的化学性质与锆相似，它们的核性质却截然相反。铪的中子吸收系数极高，而锆几乎不吸收中子。因为铪的这种性质，它可以用于制造核反应堆的控制棒。控制棒能够调节反应堆内中子的数量，承担着控制核裂变反应速率的重要职责。铪还有其他的用途，例如四氟化铪可用于制造氟化物玻璃。

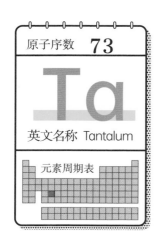

原子序数 **73**

Ta

英文名称 Tantalum

元素周期表

钽

常温下状态 **固态**

坚硬且耐热性高的金属

存在于	钽铁矿、铌钇矿		
原子量	180.95	**密度**	16 654 kg/m³
熔点	3017℃	**沸点**	5458℃
发现年份	1802 年		
发现者	（瑞典）安德斯·古斯塔夫·埃克伯格		

第六周期

73
Ta

▲钽的英文名称源自希腊神话中的宙斯之子坦塔罗斯（Tantalus）

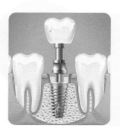

▲种植牙

用途

● 电子元件
● 种植牙
● 接骨螺钉

对人体影响较小的金属元素

　　钽是一种耐受能力很强的金属，坚硬且难以被腐蚀，还具有很高的耐热性。金属钽虽然质地坚硬，但具有很高的延展性，可压成箔或拉成丝，因此常被用于制造种植牙或接骨螺钉等植入人体的医疗材料。此外，钽也常被用于制造电子元件。钽粉末烧结制成的钽电容器具有电容量高且体积小的优点，同时能够耐受高温和低温，因此常被用在智能手机等追求高耐久性的便携式电子设备中。

原子序数	**74**

W

英文名称 Tungsten

元素周期表

钨

可提高钢的高温硬度的元素

存在于	白钨矿、黑钨矿		
原子量	183.84	**密度**	19 300 kg/m³
熔点	3422℃	**沸点**	5930℃
发现年份	1781 年		
发现者	（瑞典）卡尔·威尔海姆·舍勒		

▲钨的英文名称源自瑞典语中的 "tungsten"
（重石），元素符号 W 则来自古德语中的
"wolfram"（令人不快的浮渣）

▲钨丝灯

用途

● 钨丝灯
● 圆珠笔的球珠

白炽灯泡中的钨丝

　　钨是熔点最高的金属，其电阻率在金属中也相对较高，所以钨常用于制作白炽灯泡的灯丝（发光部位）。钨用作灯丝可以提高白炽灯泡的亮度和寿命，在一定程度上推动了工业和文化的发展。通过冶炼得到的高纯钨较为柔软，而钨的化合物和钨合金的硬度极高。碳化钨与钴粉烧结得到的产物被称为"超硬合金"，可用于制造机械部件。

铼

常温下状态 **固态**

能提升高温合金强度的元素

存在于	辉钼矿		
原子量	186.21	**密度**	20 800 kg/m³
熔点	3186℃	**沸点**	5596℃
发现年份	1925 年		

发现者 （德国）沃尔特·诺达克、（德国）伊达·塔克、（德国）奥托·卡尔·博格

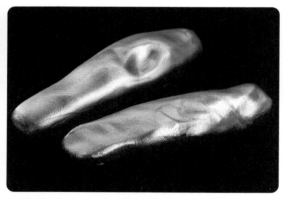

▲铼的英文名称源自莱茵河的拉丁语名"Rhenus"，它是德国的标志性河流

▲飞机的喷气发动机

用途

● 喷气发动机
● 热电偶
● 加氢催化剂

铼的发现者

铼于 1925 年由德国的化学家沃尔特·诺达克、伊达·塔克和奥托·卡尔·博格发现。但在此前的 1908 年，日本化学家小川正孝曾宣称发现了第 43 号元素，经 2004 年的重新检验，小川正孝所发现的并非第 43 号元素，而是第 75 号元素"铼"。铼即使在稀有金属中也属于尤为稀少的元素，产量非常少。在钨和钼中掺入铼得到的超高温合金可用于制造喷气发动机，还可用于制造烤箱等电器中的加热丝。

原子序数	**76**

Os

英文名称 Osmium

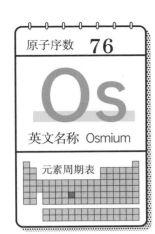

元素周期表

锇

常温下状态 **固态**

单质密度最大的元素

存在于	铱锇矿		
原子量	190.23	**密度**	22 587 kg/m³
熔点	3033℃	**沸点**	5012℃
发现年份	1803 年		
发现者	（英国）史密森·坦南特		

▲铱锇矿

▲钢笔笔尖

用途

- 心脏起搏器
- 钢笔笔尖
- 电子染色剂

第六周期

76
Os

恶臭无比且有剧毒的元素

　　锇会散发出强烈的刺激性气味。锇的化合物四氧化锇有剧毒，对呼吸道有强烈刺激作用，轻微程度的暴露就会使人呼吸困难。在所有元素中，单质锇的密度最大，并且极为坚硬耐磨，因此可与铱、铂等元素制成合金，用于制造钢笔的笔尖或电触点等。

103

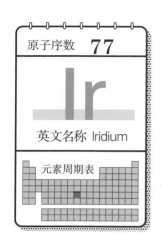

原子序数 **77**

Ir

英文名称 Iridium

元素周期表

铱

坚硬不易发生形变的金属

常温下状态 **固态**

存在于	铱锇矿		
原子量	192.22	**密度**	22 562 kg/m³
熔点	2466℃	**沸点**	4428℃
发现年份	1803 年		
发现者	（英国）史密森·坦南特		

▲金属铱非常坚硬，是最耐腐蚀的金属

▲火花塞

用途

- 坩埚
- 钢笔笔尖
- 多孔喷丝板
- 火花塞

以合金形式应用的金属

金属铱硬而脆，难以加工，因此几乎无法以单质形式应用，往往会制成合金用在需要高耐久性的元件中。铂铱合金可用于制造发动机的火花塞或电器的电触点等。铱在地壳中含量稀少，在陨石中的含量却相对较高，因此放眼整个宇宙，铱或许不算特别稀有。铱的化合物颜色丰富，因此人们用希腊神话中的"彩虹女神"伊里斯（Iris）为其命名。

原子序数 **78**

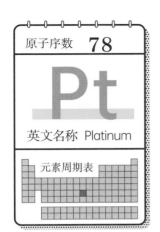

Pt

英文名称 Platinum

元素周期表

铂

常温下状态 **固态**

金属铂拥有优异的延展性

存在于	砂铂矿、硫铂矿、砷铂矿		
原子量	195.08	**密度**	21 450 kg/m³
熔点	1768℃	**沸点**	3825℃
发现年份	1735 年		
发现者	（西班牙）安东尼奥·乌略亚		

▲铂的英文名称与南美洲的河流"平托河"（Pinto）有关，源自西班牙语"Platina del Pinto"（平托河的白色金属）

▲铂金戒指

用途

- 珠宝饰品
- 玻璃镜
- 抗癌药物

第六周期

78 / Pt

用途多样的贵金属元素

　　金属铂自古以来就为人所知，它是一种人们熟悉的贵金属元素，常用于制作珠宝首饰和装饰品。铂常用作催化剂，如汽车尾气净化装置中就会用到铂基催化剂，这是因为它对于加氢、脱碳等绝大多数化学反应都有催化活性。铂在医疗领域同样大放光彩，含铂化合物"顺铂"可用作抗癌药物，它能够抑制癌细胞分裂并杀灭癌细胞。

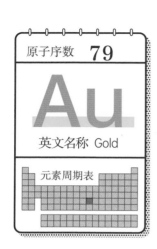

原子序数 **79**

Au

英文名称 Gold

元素周期表

金

常温下状态 **固态**

最具延展性的金属之一

存在于	自然金		
原子量	196.97	密度	19 320 kg/m³
熔点	1064℃	沸点	2836℃
发现年份	不明（自古以来就为人所知）		
发现者	不明		

◀金自古以来就被用于制作装饰品，直到现在依然被视为财富的象征

用途

- 金箔
- 治疗类风湿的药物
- 电极
- 装饰品

仅有的天然呈金色的金属

　　金是人类较早开始使用的金属，古人会从砂金和金矿石中提取这种"金属之王"。在所有金属单质中，只有金闪耀着金色的光泽，这是因为在金的内部运动的自由电子能够吸收蓝紫色光，而作为补色的红橙色光经金属表面反射被人眼接收。金常用于制作装饰品，但纯金质地柔软，不适合加工，因此人们常将金与银、铜、铂等金属制成合金后使用。金的纯度单位是"金位"（Karat），所谓的"24K金"即为纯金。

永远光彩夺目

以单质形式存在的金不易与其他元素发生化合反应，在空气中也不会因生锈而失去光泽。说起世界知名的金制饰品，我们不得不提古埃及的图坦卡蒙黄金面具。即便经过了3000多年，它仍然金光熠熠，这也是金所独有的性质。

◀图坦卡蒙黄金面具，直至今日依然保有美丽的光泽

具有优良延展性的金属

金的元素符号 Au 来源于拉丁语中的"aurum"（日出之光），英文名称"Gold"则来自印欧语系的词根"ghel-"，意为"发光"。质量为1克的金可以拉成长约3千米的细丝，或压制成厚度为0.000 1毫米的金箔。薄如蝉翼的金箔可用在漆器等工艺品和佛像上。

▲金箔可以使工艺品看上去光彩夺目

日本曾开采出大量黄金

元素专栏

因意大利旅行家马可·波罗撰写的《马可·波罗游记》，日本曾被欧洲称为"黄金之国"。当时，日本境内有包括佐渡金山在内的多座金矿，市面上有大量产自本国的黄金流通。然而进入17世纪后，日本的黄金产量就逐渐减少，如今日本已很少开采黄金。

▲曾是日本最大金银矿的佐渡金山

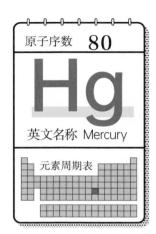

原子序数 **80**

Hg

英文名称 Mercury

元素周期表

汞

常温下呈液态的金属

存在于	自然汞、辰砂		
原子量	200.59	**密度**	13 534 kg/m³
熔点	-39℃	**沸点**	357℃
发现年份	不明（自古以来就为人所知）		
发现者	不明		

◀液态汞在平面上不会均匀铺展，而是形成一个个小液滴

用途

● 温度计
● 气压计
● 荧光灯
● 硫化汞印泥

有剧毒的液态金属

　　汞与其他金属不同，其单质在标准温度和压力下呈液态。如今人们已经知道汞具有很强的毒性，吸入汞蒸气会对神经系统造成损害。但古人曾认为水银是一种能让人长生不老的灵药，据说秦始皇就曾为了长生不老而服用水银。汞的英文名称来源于古罗马神话中的商业之神墨丘利（Mercury），而其元素名称来源于拉丁语中的"hydrargyrum"，意思是"水银"。

可用在温度计中

膨胀系数用于表征物质在一定压力下其体积随温度升高而膨胀的程度，汞的膨胀系数较大，且不易附着在玻璃容器壁上，因此常被用于制作我们熟悉的温度计。

▲ 水银体温计

汞合金的用途也很广泛

汞与其他金属形成的合金称为汞齐（amalgam）。我们熟悉的"鎏金"就是以黄金与汞为原料，配成金汞齐涂饰器表的一种工艺。此外，汞与铅、锡、铋形成的汞齐也被用于牙科治疗等方面。

▲ 通过金汞齐镀金的东大寺大佛

导致水俣病的甲基汞

📖 元素专栏

有机汞是一类分子中含有碳-汞键的有机化合物，它的毒性比单质汞更强。最为人熟知的有机汞是微生物对无机汞进行转化后形成的甲基汞。20世纪50年代中期，出现于日本熊本县水俣湾的公害病"水俣病"就是甲基汞导致的。工厂排放的含甲基汞废水进入河流和海洋，而人类因食用污染水域中的鱼、贝类出现了各种恶性症状。

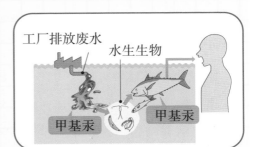

工厂排放废水　水生生物

甲基汞　甲基汞

▲ 甲基汞存在于工厂排放的废水中，通过食物链进入人体，引发中毒症状

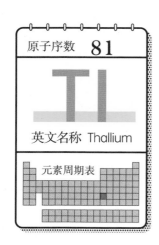

原子序数 **81**

Tl

英文名称 Thallium

元素周期表

铊

常温下状态 **固态**

最毒的元素之一

存在于	硒铊银铜矿、红铊矿
原子量	204.38
熔点	304℃
发现年份	1861 年
发现者	（英国）威廉·克鲁克斯、（法国）克洛德 - 奥古斯特·拉米

密度	11 850 kg/m³
沸点	1473℃

第六周期

81 Tl

▲英国化学家威廉·克鲁克斯因亮绿色的谱线发现了铊

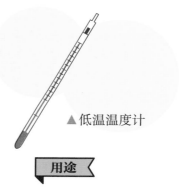

▲低温温度计

用途

● 心肌灌注显像剂
● 低温温度计

虽然有毒，但也活跃在医疗一线

　　铊在空气中容易氧化，因此一般保存在煤油中。铊是一种毒性极强的元素，因此人们曾将铊化合物用于制作灭鼠药和灭蚁药，但现在大多数国家已将其禁用。现如今，铊也活跃在医疗一线，常被用作心肌灌注显像剂（向人体内注入铊的放射性同位素铊 -201，可借助其发出的辐射获得影像）。该检测仅需微量的铊，不会对人体造成影响。

| 原子序数 | **82** |

Pb

英文名称 Lead

元素周期表

铅

质地柔软，塑性极好

存在于	方铅矿、白铅矿		
原子量	207.2	**密度**	11 350 kg/m³
熔点	327℃	**沸点**	1749℃
发现年份	不明（自古以来就为人所知）		
发现者	不明		

▲铅的元素符号 Pb 来源于拉丁语中的
"plumbum"（铅）

▲铅蓄电池

用途

● 焊料
● 铅蓄电池

能够影响人体神经系统的铅

　　铅自古以来就为人所知，它质地柔软、塑性极佳、易于加工，是一种用途非常广泛的金属元素。锡铅合金制成的焊料可用于焊接电子元件。此外，铅还可以用于制造铅蓄电池的电极。然而，铅具有毒性，古人曾用碳酸铅作为敷在面部的化妆品，据说古时的歌舞伎就因涂抹该物导致铅中毒。由于铅的毒性，铅的应用逐渐受到了限制。现在铅主要作为屏蔽辐射的防护材料。

常温下
状态 固态

原子序数	83

Bi

英文名称 Bismuth

元素周期表

铋

可显著降低合金熔点的元素

存在于	辉铋矿、铋华		
原子量	208.98	**密度**	9790 kg/m³
熔点	272℃	**沸点**	1564℃
发现年份	1753 年		
发现者	（法国）克劳德·弗朗索瓦·若弗鲁瓦		

第六周期

83
Bi

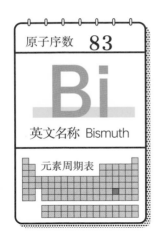

▲铋的英文名称来源于拉丁语中的 "bismuthum"，意思是 "白色物质"

▲无铅焊料

用途

● 无铅焊料
● 保险丝
● 止泻药

有助于调节肠胃的元素

　　铋是一种易碎的金属，因此主要以和其他金属（镉、锡、铅）形成合金的形式应用。在合金中掺入铋，可以显著降低熔点，因此其常被用于制造低熔点焊料（无铅焊料）、保险丝和火灾报警器等。此外，对于肠胃不好的人，铋大有用处。含铋化合物中的次硝酸铋可以与引起腹泻的有毒物质硫化氢发生反应形成硫化铋，因此其在医学上可用作治疗腹泻的药物。

原子序数 **84**

Po

英文名称 Polonium

元素周期表
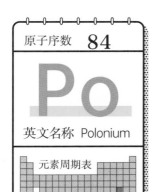

钋

常温下状态 **固态**

毒性最强的元素之一

存在于	铀矿石
原子量	209
熔点	254℃
发现年份	1898 年
发现者	（法籍波兰裔）玛丽·居里、（法国）皮埃尔·居里

密度 9320 kg/m³
沸点 962℃

▲钋的英文名称源自发现者之一玛丽·居里（居里夫人）的祖国波兰（Poland）

▲离子发生器

用途

- 离子发生器
- 核电池

钋的放射性强度高达铀的 400 倍

　　人们知道钋往往是因为它是居里夫妇（皮埃尔·居里与玛丽·居里）发现的元素。居里夫妇在奥地利政府的帮助下获得了价格高昂的铀矿石，并在处理这种矿石时发现了钋元素。据说居里夫人正是因为长期研究放射性极强的钋，才最终因白血病去世。钋的放射性强度很高，具有消除静电的功能，因此用途广泛。生产硬盘驱动器和半导体元件时，为了避免静电的产生，我们就需要用到基于钋的静电消除装置。

原子序数	85

砹

At

英文名称 Astatine

元素周期表

半衰期很短的天然放射性元素

存在于	铀矿石		
原子量	210	**密度**	—
熔点	302℃	**沸点**	337℃
发现年份	1940 年		
发现者	（美国）戴尔·科森、（美国）肯尼斯·麦肯齐、（意大利）埃米利奥·塞格雷		

第六周期

85
At

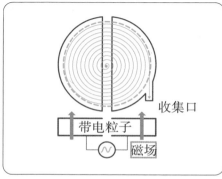

收集口

带电粒子

磁场

▲ 合成砹的回旋加速器的构造

▲研发该回旋加速器的加利福尼亚大学伯克利分校的钟楼

用途

● 离子发生器
● 核电池

小贴士

人们正在研究通过砹 -211 释放的 α 射线治疗癌症的方法。

人工合成的不稳定元素

砹是一种利用美国加利福尼亚大学伯克利分校的回旋加速器（一种粒子加速器）人工合成的元素。砹的半衰期很短，非常不稳定。它是卤素中毒性最小、比重最大的元素。

氡

几乎不与其他元素发生化学反应

Rn

英文名称 Radon

元素周期表

存在于	铀矿石、温泉、地下水
原子量	222	**密度** 9.074 kg/m³
熔点	-71℃	**沸点** -62℃
发现年份	1900 年
发现者	（德国）弗里德里希·恩斯特·多恩

▲起初氡被称为"radium emanation"（镭射气），后在 1923 年的国际化学会议上根据"radium"命名为 Radon

▲富含氡的露天温泉

用途

● 氡泉
● 气体示踪剂

对健康有害的元素

　　氡总共有近 40 种放射性同位素，是一种不存在稳定同位素的放射性稀有气体（惰性气体）。氡也和其他稀有气体一样，具有"几乎不与其他元素发生化学反应"的性质，目前只发现它能与氟形成化合物。氡易溶于水，地下水中溶有一定浓度氡的放射性温泉就是人们熟知的氡泉。有人认为微量的辐射反而有益于健康（低水平辐射兴奋效应），并宣称氡泉有诸多功效。但是，氡泉并不安全，大量接触对身体健康是有害的。

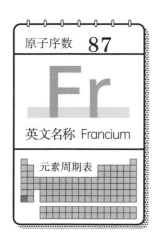

原子序数	87

Fr

英文名称 Francium

元素周期表

钫

最重的碱金属

常温下
状态 　固态

存在于	铀矿石	
原子量	223	密度　—
熔点	27℃	沸点　677℃
发现年份	1939 年	
发现者	（法国）玛格丽特·佩里	

第七周期

87
Fr

▲原镭研究所位于索邦大学内，佩里曾在此
工作

▲佩里的祖国——法国的标
志性建筑"凯旋门"

小贴士

佩里发现钫时年
仅 30 岁，与居里
夫人发现钋时的
年龄相同。

由女性科学家发现的元素

　　钫的发现者玛格丽特·佩里是一位女性科学家，她曾在法国索邦大学下设的镭研究所（后来的居里研究所）中担任居里夫人的助手。1939年，佩里在研究锕 -227 的衰变产物时发现了第 87 号元素钫，钫的英文名称来源于佩里的祖国法国（France）。

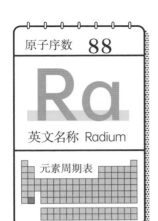

原子序数 **88**

Ra

英文名称 Radium

元素周期表

镭

释放出具有强放射性的 α 射线

存在于	铀矿石		
原子量	226	**密度**	5500 kg/m³
熔点	700℃	**沸点**	1737℃
发现年份	1898 年		
发现者	（法籍波兰裔）玛丽·居里、（法国）皮埃尔·居里		

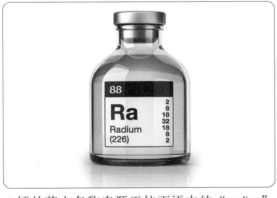

▲镭的英文名称来源于拉丁语中的"radius"，意思是"光"

▲时钟上的荧光涂料

用途

- 医用辐射源
- 时钟上的荧光涂料（如今已不再使用）

居里夫人投注毕生心血的课题

　　镭和铀、钋一样，是人们较为熟悉的放射性元素。许多人都是从居里夫人的传记中知道了这种元素的名称。镭的发现比钋更晚，却比钋更加知名，这或许因为它是居里夫人投注了毕生心血的研究对象。最初分离出的氯化镭中杂质较多，单质镭是在 1910 年才通过电解法分离出来的。镭在很长一段时间内被用作医用辐射源，但使用时有诸多不便，如今已经被钴 -60 取代。

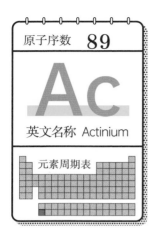

原子序数 **89**

Ac

英文名称 Actinium

元素周期表

锕

主要在核反应堆中生成

常温下状态 **固态**

存在于	铀矿石		
原子量	227	**密度**	10 070 kg/m³
熔点	1050℃	**沸点**	3198℃
发现年份	1899 年		
发现者	（法国）安德烈 - 路易斯·德比耶纳		

▲锕在暗处会发出蓝白色的光

▲由于锕具有强放射性，所以其主要用于科学研究

用途

● 放射性药物
● 科学研究

锕系元素的领头羊

　　锕产生于铀的裂变过程中，它的发现者法国化学家安德烈 - 路易斯·德比耶纳是居里夫妇的年轻同事。居里夫妇从沥青铀矿中发现了钋和镭，他们为专注于镭的研究，将其他工作托付给了德比耶纳，后者从沥青铀矿中发现了新元素锕。顺带一提，发现锕的 3 年后，德国化学家弗里德里希·奥斯卡·吉塞尔宣布从沥青铀矿中发现了一种新元素，后经证实，该元素就是锕。

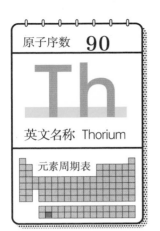

原子序数 **90**

Th

英文名称 Thorium

元素周期表

钍

广泛分布于自然界中

存在于	独居石、钍石		
原子量	232.04	**密度**	11 720 kg/m³
熔点	1842℃	**沸点**	4788℃
发现年份	1828 年		
发现者	（瑞典）永斯·雅各布·贝采利乌斯		

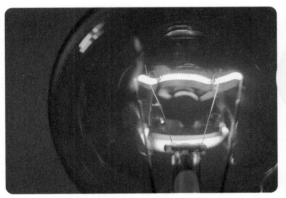

▲钍是一种天然放射性元素，可掺入钨灯丝中

▲电弧焊的钍钨电极

用途

● 气灯罩
● 钍钨电极

或许未来会作为核燃料

　　钍是锕系元素中存在最为广泛的元素，在自然界中含量相对较高，据说其含量约为铀的 3 倍。直到发现钍的 70 年后，居里夫人等人才发现钍具有放射性。钍受热时会释放电子，因此可作为真空管中钨灯丝的覆膜材料。钍未来或许会作为核燃料来使用。钍的英文名称来源于北欧神话中的雷神托尔（Thor）。

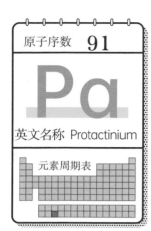

原子序数 **91**

Pa

英文名称 Protactinium

元素周期表

镁

具有强放射性

存在于	铀矿石		
原子量	231.04	**密度**	15 370 kg/m³
熔点	1568℃	**沸点**	4027℃
发现年份	1918 年		
发现者	（德国）奥托·哈恩、（奥地利-瑞典）莉泽·迈特纳		

第七周期

91
Pa

▲镁属于锕系元素，在自然界中有极少量存在，可用于测定海洋沉积物的年代

▲主要应用于科学研究中

用途

● 年代测定法
● 科学研究

通过放射性衰变转化成锕

"prot-"是希腊语中的前缀词根，意思是"首先"或"第一"，而镁的英文名称 Protactinium 表示它"在锕之前"。之所以给它取这样一个名称，是因为镁 -231 可以通过 α 衰变（放出 α 粒子，变成原子序数减少 2、质量数减少 4 的核素）转化成锕 -227。镁具有很强的放射性，不具备普遍意义上的应用价值。不过，镁同位素中半衰期最长（32 760 年）的镁 -231 可用于测定海洋沉积物的年代。

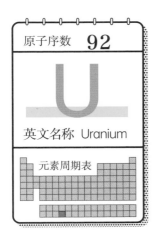

原子序数	92

U

英文名称 Uranium

元素周期表

铀

常温下状态 **固态**

可发生核裂变释放出巨大能量

存在于	铀矿石		
原子量	238.03	**密度**	18 950 kg/m³
熔点	1132℃	**沸点**	4131℃
发现年份	1789 年		
发现者	（德国）马丁·海因里希·克拉普罗特		

▲ 为了将铀作为燃料，需要对铀进行浓缩，提高发生核裂变的铀 -235 的比例

▲给人类带来不幸的原子弹

用途
- 核燃料
- 原子弹
- 玻璃着色剂

照亮人类的"光"与带来不幸的"影"

　　铀是最具代表性的放射性元素，绝大多数人应该都听说过铀。铀既可以作为给人类提供生活所需电能的核燃料，又可以制成核武器，是同时带来"光明"和"阴影"的元素。18 世纪末德国化学家马丁·海因里希·克拉普罗特发现了铀元素，但直到 1896 年法国物理学家安托万·亨利·贝克勒尔才发现了铀的放射性。铀的英文名称源自 1781 年发现的天王星（Uranus），而天王星的名称则来自希腊神话中的"天空之神"乌拉诺斯。

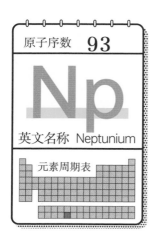

原子序数 **93**

Np

英文名称 Neptunium

元素周期表

镎

存在于天然铀矿石中

存在于	铀矿石		
原子量	237	**密度**	20 250 kg/m³
熔点	640℃	**沸点**	3902℃
发现年份	1940 年		
发现者	（美国）埃德温·麦克米伦、（美国）菲利普·艾贝尔森		

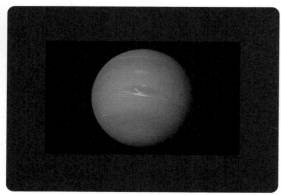

▲海王星是人们继天王星后发现的太阳系第八颗行星，其表面的温度约为 -218℃

◀美国犹他州矿山产出的钒钾铀矿。铀矿石中有可能形成镎-239

用途

● 核电池

首个通过合成得到的超铀元素

　　天然铀矿石中虽也含有极少量的镎，但我们一般会从燃烧后的核燃料中获取镎。原子序数比铀更大的元素被统称为"超铀元素"，只有极少的超铀元素存在于自然界，大多数的超铀元素都是通过人工合成得到的。1940 年，在美国加利福尼亚大学伯克利分校，美国化学家埃德温·麦克米伦和菲利普·艾贝尔森通过用中子轰击铀 -238 的方法合成了镎，这也是世界上首个通过合成得到的超铀元素。镎在元素周期表中位于铀的后一位，因此以天王星旁边的行星海王星（Neptune）为其命名。

原子序数 **94**

Pu

元素周期表

英文名称 Plutonium

钚

常温下状态 固态

对人体有害的放射性元素

存在于	铀矿石		
原子量	244	**密度**	19 820 kg/m³
熔点	639℃	**沸点**	3228℃
发现年份	1940 年		
发现者	（美国）格伦·西博格等		

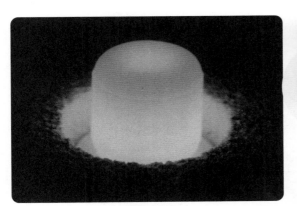

▲ 在实验室中因热裂变而发出红光的块状钚 -238

▲ 配备钚电池的美国航空航天局（NASA）无人空间探测器旅行者 1 号

用途

- 核电池
- 核燃料

用在核武器中的元素

　　钚是一种对人体危害极大的放射性元素，它不仅具有放射性，还具有剧烈的化学毒性。科学家为了合成镎而用氘核轰击铀时，从反应产物中发现了钚。钚 -238 可应用于医疗和航天领域，而钚 -239 具有能发生裂变反应的性质，可作为核能发电站的核燃料，或用于制造核武器。钚在元素周期表中位于镎的后一位，因此以海王星外侧的冥王星（Pluto）命名。

原子序数 **95**

Am

英文名称 Americium

元素周期表

镅

银白色金属

存在于 人工放射性元素
原子量 ［243］ **密度** 12 000 kg/m³
熔点 1176℃ **沸点** 2607℃
发现年份 1944 年
发现者 （美国）格伦·西博格等

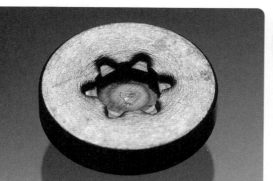

图片来源：Andrew Magill

▲含有镅-241 的电离烟雾探测器

▲显微镜下的镅样本

用途

● 烟雾探测器

烟雾探测器中的镅

美国一个研究团队用中子轰击钚时发现了镅。镅的获取成本相对低廉，美国曾将其用于制造高层建筑和家庭用烟雾探测器中的传感器。放射源镅-241 可以使空气具有导电性，当烟雾微粒干扰了带电粒子的正常运动时，警报器就会发出声音。在元素周期表中，镅的正上方是以欧洲命名的锔，因此相应地以美洲（America）为它命名。

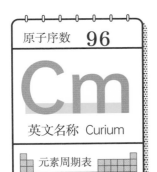

原子序数 **96**

Cm

英文名称 Curium

元素周期表

锔

有银白色光泽的金属

常温下状态 **固态**

存在于	人工放射性元素		
原子量	［247］	**密度**	13 510 kg/m³
熔点	1340℃	**沸点**	3110℃
发现年份	1944 年		
发现者	（美国）格伦·西博格等		

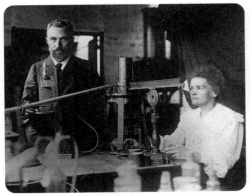

▲居里夫妇（拍摄于 19 世纪 90 年代）。两人面前的设备是辐射测定装置

▲ "好奇号"火星探测器

小贴士

1945 年 11 月，西博格在一个儿童广播节目中首次公开宣布发现了锔。

为纪念居里夫妇的贡献而命名

　　锔是美国加利福尼亚大学伯克利分校的研究团队在钚的基础上人工合成得到的元素。时值第二次世界大战，因此该发现直到战争结束才得以公开。月球探测器上使用的核电池会将锔用作燃料。另外，锔也被用在火星无人探测车中来确定火星上的岩石结构。

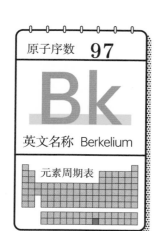

原子序数 **97**

Bk

英文名称 Berkelium

元素周期表

锫

具有强放射性的银白色金属

常温下状态 **固态**

存在于	人工放射性元素		
原子量	［247］	密度	14 780 kg/m³
熔点	986℃	沸点	—
发现年份	1949 年		
发现者	（美国）格伦·西博格等		

▲ 多种元素"诞生"之地——美国加利福尼亚大学伯克利分校

◀ 美国加利福尼亚大学伯克利分校的校徽

小贴士

锫的英文名称源自加利福尼亚大学伯克利分校所在的城市伯克利（Berkeley）。

二战后合成的第一个元素

锫是一种人工合成的元素，于 1949 年由美国加利福尼亚大学伯克利分校的研究团队在回旋加速器中以氦核（α 粒子）轰击镅 -241 得到。科学家只能获得极少量的锫用于基础研究，对它的具体性质知之甚少。

第七周期

97 Bk

126

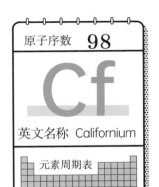

原子序数 **98**

Cf

英文名称 Californium

元素周期表

锎

常温下状态 **固态**

可自发裂变的元素

存在于 人工放射性元素
原子量 ［251］　　　　　**密度** 15 100 kg/m³
熔点 900℃　　　　　**沸点** —
发现年份 1950 年
发现者 （美国）格伦·西博格等

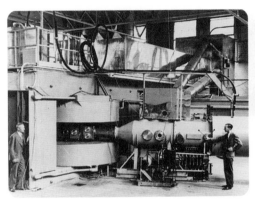

▲ 人工合成元素时使用的回旋加速器

◀ 合成锎元素的科学家之一斯坦利·汤普森

第七周期

98
Cf

小贴士

锎的英文名称源自加利福尼亚大学伯克利分校所在的加利福尼亚州（California）。

可用作中子源的元素

　　锎是一种人工合成的元素，于 1950 年由美国加利福尼亚大学伯克利分校的研究团队在回旋加速器中以氦核（α 粒子）轰击锔得到。锎具有自发裂变性质，可在核反应堆中用作中子启动源，也可用于检测爆炸物。

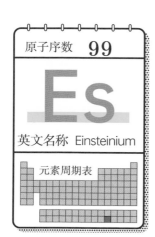

原子序数	99

Es

英文名称 Einsteinium

元素周期表

锿

从氢弹试验残余物中发现的元素

存在于 人工放射性元素
原子量 ［252］　　　　**密度** ―
熔点 860℃　　　　　**沸点** ―
发现年份 1952 年
发现者 （美国）阿尔伯特·吉奥索等

▲阿尔伯特·爱因斯坦晚年致力于推动全世界废弃核武器

◀锿最早发现于"常春藤麦克"核试验的放射性尘埃中

小贴士

锿的英文名称源自爱因斯坦（Einstein）。

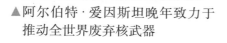
冠以 20 世纪伟大科学家之名的元素

　　1952 年，美国的科学家们在位于中太平洋的马绍尔群岛上进行氢弹爆炸试验后，从放射性尘埃中发现了锿和镄两种放射性元素。铀在大量中子轰击下会生成锿，而锿经过 β 衰变会生成锿。

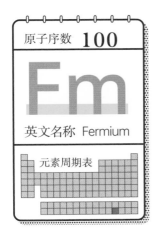

原子序数 **100**

Fm

英文名称 Fermium

元素周期表

镄

冠以诺贝尔物理学奖获得者之名的元素

存在于 　人工放射性元素
原子量 　［257］　　　　　　　**密度** 　—
熔点 　—　　　　　　　　　　**沸点** 　—
发现年份 　1952 年
发现者 　（美国）阿尔伯特·吉奥索等

▲ "常春藤麦克"核试验时的蘑菇云

◀意大利裔美籍物理学家恩利克·费米

小贴士

镄的英文名称源自费米（Fermi），他于 1938 年获诺贝尔物理学奖。

氢弹爆炸试验中合成的另一种元素

　　镄同样是由美国的科学家们于 1952 年在位于中太平洋的马绍尔群岛上，进行氢弹爆炸试验后发现的元素。它可能是由锿经过 β 衰变生成的。我们如今在核研究所中可以合成镄，但无法获得镄及其后元素的金属单质。

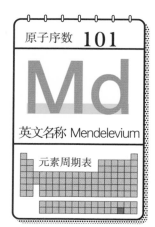

原子序数 **101**

Md

英文名称 Mendelevium

元素周期表

钔

用回旋加速器合成的元素

存在于	人工放射性元素
原子量	［258］
熔点	—
发现年份	1955 年
发现者	（美国）阿尔伯特·吉奥索等

密度 —

沸点 —

▲纪念发现 101 号元素这一事件的门捷列夫邮票（2009 年，俄罗斯）

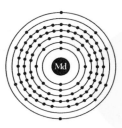

◀钔原子的核外电子排布示意图

小贴士

钔的英文名称源自元素周期表的创始人门捷列夫（Mendeleev）。

以"元素周期表之父"命名的元素

　　钔的原子序数是 101，属于超铀元素。1955 年，美国加利福尼亚大学伯克利分校的研究团队用高速的氦核轰击锿 -253，获得了钔 -256。科学家们制造出的钔极其稀少，因此其具体性质尚未可知。

| 原子序数 | 102 |

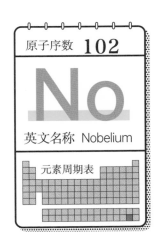

锘

常温下状态 固态

有多个国家主张由本国发现的元素

存在于 人工放射性元素

原子量 [259]　　　　　　　　**密度** —

熔点 —　　　　　　　　　　**沸点** —

发现年份 1958 年

发现者 美国劳伦斯 - 伯克利国家实验室、苏联杜布纳联合核子研究所

英文名称 Nobelium

元素周期表

▲锘的英文名称源自瑞典化学家阿尔弗雷德·诺贝尔（Alfred Nobel）

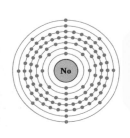

◀锘原子的核外电子排布示意图

小贴士

瑞典、美国和俄罗斯（苏联）就锘的发现归属和命名权存在争议。

纪念诺贝尔奖创立者的元素

　　1957 年，瑞典的诺贝尔物理研究所的研究团队首先宣布发现了锘，但其在后续实验中未能确认。之后的 1958 年，美国劳伦斯 - 伯克利国家实验室成功合成了锘 -252，而苏联杜布纳联合核子研究所成功合成了锘 -254。

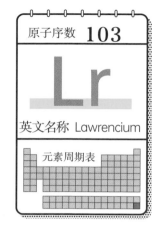

原子序数 **103**

Lr

英文名称 Lawrencium

元素周期表

锗

常温下状态 **不明**

用于科学研究的放射性元素

存在于 人工放射性元素
原子量 ［262］
熔点 —
发现年份 1961 年
发现者 （美国）阿尔伯特·吉奥索等

密度 —
沸点 —

▲ 1961 年，锗的发现者之一吉奥索写下了当时的元素符号 Lw

▶ 锗的英文名称源自美国物理学家欧内斯特·劳伦斯（Ernest Lawrence），他发明了回旋加速器

📖 小贴士

科学家们只能合成出极微量的锗，因此其除了科学研究外没有其他用途。

纪念回旋加速器发明者的元素

　　锗是最后一个锕系元素。1961 年，加利福尼亚大学伯克利分校的研究团队利用重离子直线加速器，用硼离子轰击锎同位素的混合物时合成了锗。锗不存在稳定同位素，人们对其具体性质知之甚少。

原子序数 **104**

Rf

英文名称 Rutherfordium

元素周期表

铲

超重元素之一

存在于	人工放射性元素
原子量	［267］
熔点	—
发现年份	1964 年
发现者	苏联杜布纳联合核子研究所、美国劳伦斯 - 伯克利国家实验室

密度 —

沸点 —

常温下状态 **不明**

▲英国物理学家欧内斯特·卢瑟福

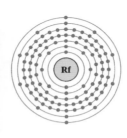

◀铲原子的核外电子排布示意图

第七周期

104 / Rf

小贴士

美国与俄罗斯（苏联）就铲的发现归属各执一词，最终双方的发现都得到了承认。

纪念物理学家卢瑟福的元素

铲是用碳离子轰击锏而合成的放射性元素。铲的元素名称源自英国物理学家欧内斯特·卢瑟福（Ernest Rutherford），他发现了 α 射线和 β 射线，并提出原子中央存在原子核。第 104 号元素铲及其之后的元素也被称为"超重元素"。

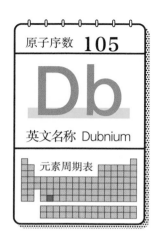

原子序数 **105**

Db

英文名称 Dubnium

元素周期表

钍

以地名命名的元素

存在于 人工放射性元素
原子量 ［268］
熔点 —
发现年份 1970 年
发现者 美国劳伦斯 - 伯克利国家实验室、苏联杜布纳联合核子研究所
密度 —
沸点 —

第七周期

105
Db

▲ 杜布纳的市徽

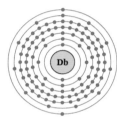

◀ 钍原子的核外电子排布示意图

小贴士

美国与俄罗斯（苏联）就钍的发现者各执一词，最终双方的发现都得到了承认。

以研究所所在的城市命名

　　1970 年，美国劳伦斯 - 伯克利国家实验室成功合成了钍。1971 年，苏联杜布纳联合核子研究所宣布发现了元素钍。1997 年，国际纯粹与应用化学联合会（IUPAC）把它正式定名为 Dubnium，以杜布纳联合核子研究所所在的城市杜布纳（Dubna）为名。

原子序数 **106**

Sg

英文名称 Seaborgium

元素周期表

镭

常温下状态 **不明**

首个以在世者（命名时）的姓氏命名的元素

存在于	人工放射性元素	
原子量	［269］	**密度** —
熔点	—	**沸点** —
发现年份	1974 年	
发现者	（美国）阿尔伯特·吉奥索等	

▲ 美国国家科学院院士格伦·西博格（1912—1999）

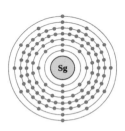

◀ 镭原子的核外电子排布示意图

第七周期

106
Sg

📝小贴士

镭是首个以在世者命名的元素。西博格为9种元素的发现做出了贡献。

以发现多种元素的化学家命名

    1974 年，美国加利福尼亚大学伯克利分校的吉奥索率领的研究团队用氧离子轰击锎而合成了镭。为了纪念伯克利校长、诺贝尔化学奖得主格伦·西博格（Glenn Seaborg），他们将此元素命名为"Seaborgium"。时至今日，人们仍不太清楚镭的具体性质。

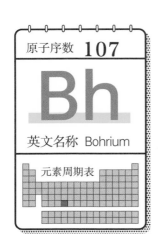

原子序数 **107**

Bh

英文名称 Bohrium

元素周期表

𨏹

由联邦德国重离子研究中心合成的元素

常温下状态 **不明**

存在于	人工放射性元素		
原子量	［270］	**密度**	—
熔点	—	**沸点**	—
发现年份	1981 年		
发现者	联邦德国达姆施塔特重离子研究中心		

▲丹麦理论物理学家尼尔斯·玻尔

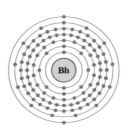

◀𨏹原子的核外电子排布示意图

小贴士

玻尔因阐明原子内部结构的模型而获得了1922 年的诺贝尔物理学奖。

以尼尔斯·玻尔命名的元素

　　𨏹是联邦德国达姆施塔特重离子研究中心的研究团队用铬轰击铋而合成的放射性元素。𨏹的英文名称源自丹麦理论物理学家尼尔斯·玻尔（Niels Bohr）。玻尔认为原子中的电子只能存在于原子核外的特定轨道上，提出了原子结构的"玻尔模型"。

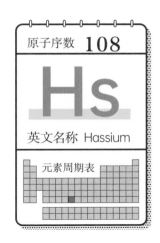

原子序数 **108**

Hs

英文名称 Hassium

元素周期表

镙

以德国黑森州命名的元素

存在于　　人工放射性元素
原子量　　［269］　　　　　　　　**密度**　—
熔点　　　—　　　　　　　　　　　**沸点**　—
发现年份　1984 年
发现者　　联邦德国达姆施塔特重离子研究中心

▲黑森州州徽

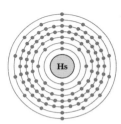

◀ 镙原子的核外电子排布示意图

小贴士

直到 1997 年，人们都以其临时名称 Unniloctium 来称呼 108 号元素。

德国重离子研究中心合成的第三种元素

　　镙是联邦德国达姆施塔特重离子研究中心以铁轰击铅而合成的放射性元素，其化学性质与锇相似。1992 年，镙被认定为新元素。镙的元素名称源自该研究中心所处的德国黑森州的拉丁语名（Hassia）。

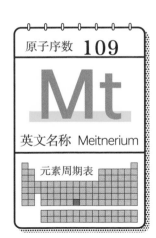

原子序数 **109**

Mt

英文名称 Meitnerium

元素周期表

铸

人工合成的第六个超锕系元素

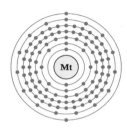

常温下状态　不明

存在于	人工放射性元素		
原子量	[277]	**密度**	—
熔点	—	**沸点**	—
发现年份	1982 年		
发现者	联邦德国达姆施塔特重离子研究中心		

第七周期

109／Mt

▲ 莉泽·迈特纳（照片拍摄于 1946 年）

◀ 铸原子的核外电子排布示意图

小贴士

迈特纳是犹太人，遭到纳粹迫害后逃亡至瑞典。

用以纪念女性科学家的元素

　　铸是用铁轰击铋而合成的放射性元素，其化学性质与铱相似，但人们对它并没有深入的了解。1994 年 5 月，IUPAC 把第 109 号元素命名为 Meitnerium，以纪念核物理学家莉泽·迈特纳（Lise Meitner）。迈特纳是镤元素的发现者，也是首个发表关于核裂变的论文的科学家。

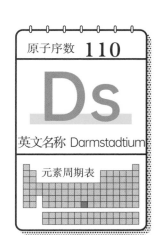

原子序数 **110**

Ds

英文名称 Darmstadtium

元素周期表

铽

以研究中心所在地命名的元素

存在于 人工放射性元素
原子量 ［281］   **密度** —
熔点 —   **沸点** —
发现年份 1994 年
发现者 联邦德国达姆施塔特重离子研究中心

◀ 德国黑森州达姆施塔特市的市徽

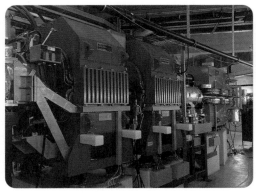

图片来源：LSDSL

▲ 达姆施塔特重离子研究中心的粒子加速器

小贴士

铽的英文名称源自研究中心所在的城市达姆施塔特（Darmstadt）。

在学术之城达姆施塔特合成的元素

    铽是由联邦德国达姆施塔特重离子研究中心于 1994 年用镍轰击铅而合成的放射性元素。当时合成的铽 -269 半衰期仅为约 0.000 017 秒。人们对铽的具体性质同样知之甚少。

原子序数 **111**

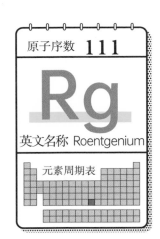

英文名称 Roentgenium

元素周期表

铹

与前一种新元素的发现仅时隔一个月的元素

存在于	人工放射性元素	
原子量	［282］	**密度**　—
熔点　—		**沸点**　—
发现年份	1994 年	
发现者	联邦德国达姆施塔特重离子研究中心	

▲德国物理学家威廉·康拉德·伦琴

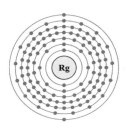

◀铹原子的核外电子
排布示意图

小贴士

铹与前一种新元素的
发现相隔仅仅一个月。

冠以 X 射线发现者伦琴之名的元素

　　铹是由德国化学家西尔古德·霍夫曼率领的国际研究团队在联邦德国达姆施塔特重离子研究中心内，用重离子直线加速器加速的镍离子轰击铋而合成的放射性元素。铹的英文名称源自德国物理学家威廉·康拉德·伦琴（Wilhelm Conrad Röntgen），他是 X 射线的发现者。人们对于铹的具体性质同样知之甚少。

原子序数 112

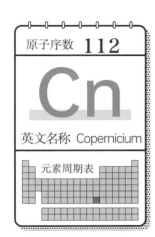

Cn

英文名称 Copernicium

元素周期表

鿔

国际研究团队在德国合成的元素

存在于	人工放射性元素		
原子量	[285]	**密度**	—
熔点	—	**沸点**	—
发现年份	1996 年		
发现者	联邦德国达姆施塔特重离子研究中心		

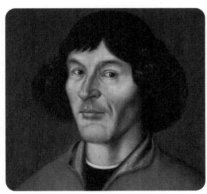

▲波兰天文学家尼古拉·哥白尼

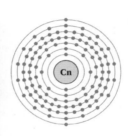

◀鿔原子的核外电子
排布示意图

小贴士

鿔是在 2010 年才获
得正式名称的元素。

以提出日心说的天文学家命名的元素

鿔是用锌轰击铅而合成的放射性元素。鿔的英文名称源自中世纪天文学家尼古拉·哥白尼（Nicolaus Copernicus）。哥白尼是出生于波兰的天文学家，他否定地心说（认为太阳绕地球旋转），提出了日心说（认为地球绕太阳旋转）。

原子序数 **113**

Nh

英文名称 Nihonium

元素周期表

钚

常温下状态 不明

以日本命名的元素

存在于 人工放射性元素
原子量 ［286］ **密度** —
熔点 — **沸点** —
发现年份 2004 年
发现者 日本理化学研究所

图片来源：日本文部科学省官网

▲在日本理化学研究所仁科加速器研究中心担任研究组主任的森田浩介（左数第二人）。钚的英文名称源自"日本"的日语读音（Nihon）

▲ 森田浩介（左）与日本文部科学大臣驰浩（摄于日本理化学研究所仁科加速器研究中心，2016 年 6 月）

用途

● 科学研究

第一种由亚洲国家发现的新元素

钚是于 2004 年在日本埼玉县和光市的日本理化学研究所中以锌离子轰击铋而合成的人工元素。为了合成拥有 113 个质子的钚，科学家们以高速运动的含 30 个质子的锌原子核轰击含 83 个质子的铋原子核。他们使用锌离子束共轰击了 575 天，令锌与铋碰撞了 400 万亿次，最终仅仅获得了 3 个钚原子。

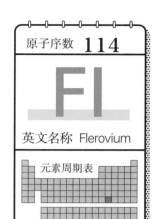

原子序数 **114**

Fl

英文名称 Flerovium

元素周期表

铁

常温下状态 不明

俄罗斯与美国合作发现的元素

存在于	人工放射性元素
原子量	［290］
熔点	—
发现年份	1998 年
发现者	俄罗斯杜布纳联合原子核研究所、美国劳伦斯利弗莫尔国家实验室

密度 —
沸点 —

▲俄罗斯物理学家格奥尔基·弗廖罗夫的纪念邮票（2013 年，俄罗斯）

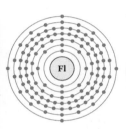

◀铁原子的核外电子排布示意图

✐小贴士

2012 年，114 号元素以弗廖罗夫的姓氏命名。

诞生于国际合作研究的元素

　　铁是在俄罗斯与美国的合作研究中，于俄罗斯的杜布纳联合原子核研究所用钙轰击钚而合成的放射性元素。它的化学性质与铅相似，可能也与稀有气体氡有相似之处，但人们对其还知之甚少。

原子序数 **115**

Mc

英文名称 Moscovium

元素周期表

镅

具有高放射性的元素

常温下状态 不明

存在于	人工放射性元素	
原子量	[290]	**密度** —
熔点	—	**沸点** —
发现年份	2004 年	
发现者	俄罗斯杜布纳联合原子核研究所、美国劳伦斯利弗莫尔国家实验室	

图片来源：Christophe Meneboeuf

▲莫斯科红场。莫斯科（Moscow）是镅的英文名称来源

◀莫斯科州州徽

小贴士

人们曾用拉丁语中表示"115号元素"的 ununpentium 作为镅的临时名称。

以莫斯科州命名的人工放射性元素

2004 年，俄美联合研究小组宣布于 2003 年在美国与俄罗斯的合作研究中通过钙原子核与镅原子核的碰撞实验合成了第 115 号元素。此后，瑞典的研究团队于 2013 年成功重现了该实验。

原子序数 116

Lv

英文名称 Livermorium

元素周期表

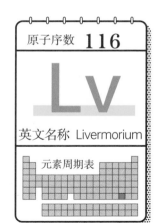

铊

一般情况下不存在于地球上的合成元素

存在于 人工放射性元素
原子量 ［293］ **密度** —
熔点 — **沸点** —
发现年份 2000 年
发现者 俄罗斯杜布纳联合原子核研究所、美国劳伦斯利弗莫尔国家实验室

▲美国劳伦斯利弗莫尔国家实验室（2005 年）

◄ 位于俄罗斯莫斯科州的杜布纳联合原子核研究所

图片来源：Hrustov

🖎 小贴士

人们曾用 ununhexium 作为铊的临时名称。

元素名称来自研究所所在地

2000 年，俄罗斯与美国的合作研究团队用钙和锔合成了铊。它既属于超锕元素，也属于超铀元素。铊的名称正式确定于 2012 年，取自研究团队中美方的劳伦斯利弗莫尔国家实验室（Lawrence Livermore National Laboratory）。

原子序数 **117**

Ts

英文名称 Tennessine

元素周期表

础

与镓和氩同时获得承认和命名的元素

存在于 人工放射性元素
原子量 ［294］   **密度** ——
熔点 ——   **沸点** ——
发现年份 2010 年
发现者 俄罗斯杜布纳联合原子核研究所、美国劳伦斯利弗莫尔国家实验室

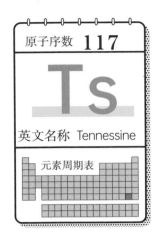

图片来源：Dansan4444

▲位于美国田纳西州的范德比尔特大学

◀用于元素合成的锫目标体（溶液中）

小贴士

人们曾用拉丁语中表示"117 号元素"的 ununseptium 作为础的临时名称。

由俄罗斯与美国的合作研究团队发现

2010 年，在俄罗斯的杜布纳联合原子核研究所中，科学家们以钙和锫合成了第 117 号元素。它于 2016 年正式被命名为础，元素名称源自研究团队中美方的橡树岭国家实验室所在的田纳西州。

原子序数 **118**

Og

英文名称 Oganesson

元素周期表

氧

第二个以在世科学家姓氏命名的元素

存在于	人工放射性元素	
原子量	［294］	**密度** —
熔点	—	**沸点** —
发现年份	2006 年	
发现者	俄罗斯杜布纳联合原子核研究所、美国劳伦斯利弗莫尔国家实验室	

▲尤里·奥加涅相的纪念邮票（2017年，亚美尼亚）

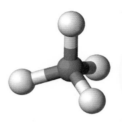

◀科学家们预测四氟化氧为四面体构型

✐ 小贴士

继镤之后，氧是第二个以在世科学家的姓氏作为英文名称的元素。

以在世科学家为名的元素

2002 年，俄罗斯与美国的合作研究团队用钙和锎合成了第 118 号元素。它于 2016 年被正式命名为氧，元素的英文名称源自研究团队中俄方杜布纳联合原子核研究所的领导者尤里·奥加涅相（Yuri Oganessian）。

术语表

化合物

由两种或两种以上不同元素以一定比例通过化学键结合而成的纯净物。

谱线

原子在火焰或放电条件下处于高能量状态时发出的特定波长（颜色）的光。

原子

极微小的粒子，由质子、中子聚集形成的"原子核"和核外运动的电子构成。不同种元素的原子各不相同。每种元素原子中拥有的质子数不同，因此用质子数量作为元素的"原子序数"。

合金

将不止一种金属熔融后混合得到的物质。不同于化合物，合金中各元素的比例并不固定，可以制造出混合比不同的多种合金。

矿石

一类从地壳中开采的资源物质，可通过化学或电化学方法从中提取出包括金属在内的元素。多数情况下，金属在矿石中以氧化物形式存在（例如铁矿石主要为氧化铁，铝的原料矿石则主要为氧化铝）。

氧化物

氧与另一种元素结合形成的化合物。

催化剂

能提高化学反应速率的物质。化学反应前后，催化剂本身不会减少，也不会变成其他物质。

中子

次原子粒子（结构比原子更小的粒子）的一种，包含于绝大多数原子中，不携带电荷。单个中子的质量与质子非常接近。

超导体

可令电流无阻碍通过的物质。

延展性

物质在外力作用下产生形变而不断裂，从而可对其进行塑形加工的性质。

电子

极为微小，是次原子粒子（结构比原子更小的粒子）的一种，带有负电荷。原子相互结合（形成化学键）时就是电子在起作用。1个电子的质量约为1个质子的1/1840。

同位素

电子数（与原子核内质子数量相等）相同而中子数不同的同一元素的不同原子。

半衰期

元素的同位素中，会放出辐射、形成其他不同质量的同位素或其他元素原子的不稳定同位素称为"放射性同位素"，原子的转化过程则称为"放射性衰变"。某种放射性同位素的原子数量逐渐减少至原本一半所需的时间称为"半衰期"。再经过一个半衰期，放射性同位素原子数量会变为原来的 1/4（=1/2 × 1/2）。每种放射性同位素的半衰期各不相同。

半导体

导电性能介于金属与非金属之间的物质。大多数半导体都是准金属元素的化合物。

化学反应性

单质或化合物发生化学反应的难易程度。化学反应性高的物质与其他物质接触时会发生剧烈反应，释放或吸收大量能量而可能造成危险。

惰性

指物质不容易发生化学反应。

放射性辐射

由放射性元素的原子核释放的 α 射线、β 射线或高能量束流（如 γ 射线）。

重结晶

将晶体溶于溶剂或熔融以后，又重新从溶液或熔体中结晶的过程。

阳极氧化

金属表面在外加电流作用下形成一层氧化膜，从而保护金属表面的过程。

质子

次原子粒子（结构比原子更小的粒子）的一种，带有正电荷。所有原子中都含有质子，原子中所含质子的个数决定它所属的元素。原子核内质子的个数称为该元素的"原子序数"。

痕量

含量在百万分之一以下称为"痕量"。

比强度

比强度是材料的抗拉强度与材料表观密度的比值。

丰度

指某种化学元素占某自然体质量的相对份额。